# Metalltechnik

## Formelsammlung

Dietmar Falk
Peter Krause
Günther Tiedt



westermann

3. Auflage, 2005

Bildungshaus Schulbuchverlage
Westermann Schroedel Diesterweg Schöningh Winklers GmbH
http://www.westermann.de

Verlagslektorat: Dr. Steffen Decker
Verlagsherstellung: Harald Kalkan
Herstellung: westermann druck GmbH, Braunschweig

ISBN 3-14-**23 1028**-2

## Gleichungen

| | | |
|---|---|---|
| **Summengleichung** | $U = l_1 + l_2 + l_3$ | $120\,\text{mm} = l_1 + 30\,\text{mm} + 40\,\text{mm}$ |
| Seiten vertauschen | $l_1 + l_2 + l_3 = U$ | $l_1 + 30\,\text{mm} + 40\,\text{mm} = 120\,\text{mm}$ |
| Gesuchte Größe isolieren | $l_1 = U - l_2 - l_3$ | $l_1 = 120\,\text{mm} - 30\,\text{mm} - 40\,\text{mm}$ |
| | | $\underline{\underline{l_1 = 50\,\text{mm}}}$ |
| **Faktorengleichung** | $U = 4 \cdot l$ | $280\,\text{mm} = 4 \cdot l$ |
| Seiten vertauschen | $4 \cdot l = U$ | $4 \cdot l = 280\,\text{mm}$ |
| Gesuchte Größe isolieren | $l = \frac{U}{4}$ | $l = \frac{280\,\text{mm}}{4}$ $\quad \underline{\underline{l = 70\,\text{mm}}}$ |
| **Quotientengleichung** (gesuchte Größe im Zähler) | $l_B = \frac{d \cdot \pi \cdot \alpha}{360°}$ | $50\,\text{mm} = \frac{d \cdot \pi \cdot 72°}{360°}$ |
| Seiten vertauschen | $\frac{d \cdot \pi \cdot \alpha}{360°} = l_B$ | $\frac{d \cdot \pi \cdot 72°}{360°} = 50\,\text{mm}$ |
| Gesuchte Größe isolieren | $d = \frac{l_B \cdot 360°}{\pi \cdot \alpha}$ | $d = \frac{50\,\text{mm} \cdot 360°}{\pi \cdot 72°}$ $\quad \underline{\underline{d = 31{,}42\,\text{mm}}}$ |
| **Quotientengleichung** (gesuchte Größe im Nenner) | $i = \frac{n_1}{n_2}$ | $4 = \frac{1400\,\text{min}^{-1}}{n_2}$ |
| Seiten vertauschen | $\frac{n_1}{n_2} = i$ | $\frac{1400\,\text{min}^{-1}}{n_2} = 4$ |
| Seiten umkehren | $\frac{n_2}{n_1} = \frac{1}{i}$ | $\frac{n_2}{1400\,\text{min}^{-1}} = \frac{1}{4}$ |
| Gesuchte Größe isolieren | $n_2 = \frac{n_1}{i}$ | $n_2 = \frac{1400\,\text{min}^{-1}}{4}$ $\quad \underline{\underline{n_2 = 350\,\text{min}^{-1}}}$ |
| **Quotientengleichung** (mit Klammer) | $a = \frac{m \cdot (z_1 + z_2)}{2}$ | $90\,\text{mm} = \frac{3\,\text{mm} \cdot (z_1 + 36)}{2}$ |
| Seiten vertauschen | $\frac{m \cdot (z_1 + z_2)}{2} = a$ | $\frac{3\,\text{mm} \cdot (z_1 + 36)}{2} = 90\,\text{mm}$ |
| Klammer isolieren | $z_1 + z_2 = \frac{a \cdot 2}{m}$ | $z_1 + 36 = \frac{90\,\text{mm} \cdot 2}{3\,\text{mm}}$ |
| Gesuchte Größe isolieren | $z_1 = \frac{a \cdot 2}{m} - z_2$ | $z_1 = \frac{90\,\text{mm} \cdot 2}{3\,\text{mm}} - 36$ |
| | | $\underline{\underline{z_1 - 24}}$ |
| **Potenzgleichung** | $A_0 = 6 \cdot l^2$ | $1350\,\text{mm}^2 = 6 \cdot l^2$ |
| Seiten vertauschen | $6 \cdot l^2 = A_0$ | $6 \cdot l^2 = 1350\,\text{mm}^2$ |
| Gesuchte Größe isolieren | $l^2 = \frac{A_0}{6}$ | $l^2 = \frac{1350\,\text{mm}^2}{6}$ |
| Auf beiden Seiten Wurzel ziehen | $l = \sqrt{\frac{A_0}{6}}$ | $l = \sqrt{\frac{1350\,\text{mm}^2}{6}}$ $\quad \underline{\underline{l = 15\,\text{mm}}}$ |
| **Wurzelgleichung** | $t = \sqrt{\frac{2 \cdot s}{g}}$ | $3{,}91\,\text{s} = \sqrt{\frac{2 \cdot s}{9{,}81\,\text{m/s}^2}}$ |
| Seiten vertauschen | $\sqrt{\frac{2 \cdot s}{g}} = t$ | $\sqrt{\frac{2 \cdot s}{9{,}81\,\text{m/s}^2}} = 3{,}91\,\text{s}$ |
| Beide Seiten quadrieren | $\frac{2 \cdot s}{g} = t^2$ | $\frac{2 \cdot s}{9{,}81\,\text{m/s}^2} = 15{,}29\,\text{s}^2$ |
| Gesuchte Größe isolieren | $s = \frac{t^2 \cdot g}{2}$ | $s = \frac{15{,}29\,\text{s}^2 \cdot 9{,}81\,\text{m}}{2 \cdot \text{s}^2}$ |
| | | $\underline{\underline{s = 75\,\text{m}}}$ |

## Prozentrechnung

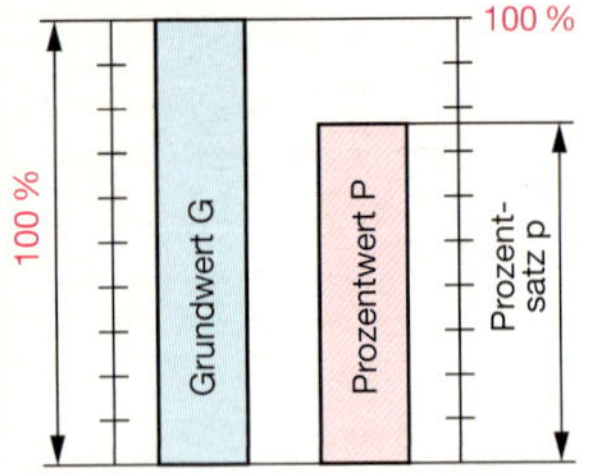


$$\frac{p}{100\,\%} = \frac{P}{G}$$

$$P = \frac{G \cdot p}{100\,\%}$$

$$p = \frac{P \cdot 100\,\%}{G}$$

p : Prozentsatz
P : Prozentwert
G : Grundwert

## Zinsrechnung

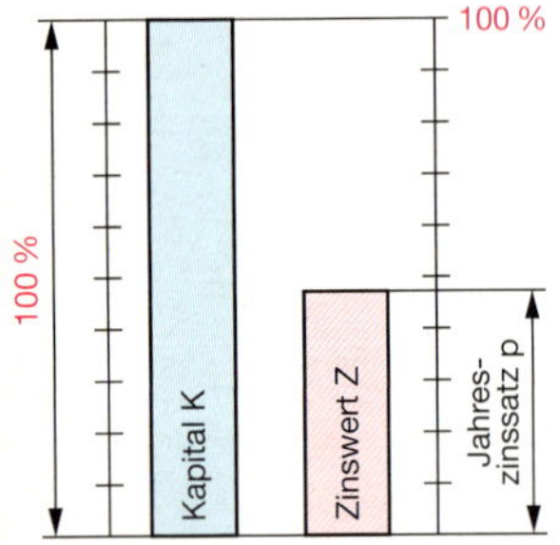


$$\frac{p}{100\,\%} = \frac{Z}{K}$$

Für eine bestimmte Anzahl von Jahren gilt:

$$Z = K \cdot \frac{p}{100\,\%} \cdot i$$

Für eine bestimmte Anzahl von Monaten gilt:

$$Z = K \cdot \frac{p}{100\,\%} \cdot \frac{i_M}{12}$$

Für eine bestimmte Anzahl von Tagen gilt:

$$Z = K \cdot \frac{p}{100\,\%} \cdot \frac{i_T}{360}$$

p : Jahreszinssatz
Z : Zinswert
K : Kapital
i : Zinszeitraum in Jahren
$i_M$ : Zinszeitraum in Monaten
$i_T$ : Zinszeitraum in Tagen

1 Zinsjahr = 360 Tage
1 Zinsmonat = 30 Tage

## Lehrsatz des Pythagoras

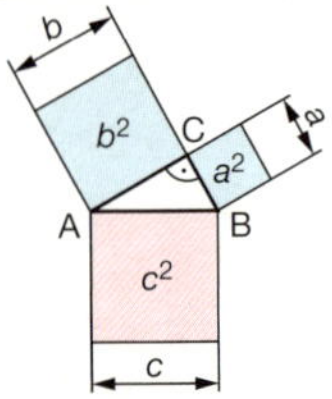


$$a^2 + b^2 = c^2$$

$$a = \sqrt{c^2 - b^2}$$

$$b = \sqrt{c^2 - a^2}$$

$$c = \sqrt{a^2 + b^2}$$

*a* : Kathete
*b* : Kathete
*c* : Hypotenuse
⊾ : Rechter Winkel

## Winkelfunktionen im rechtwinkligen Dreieck

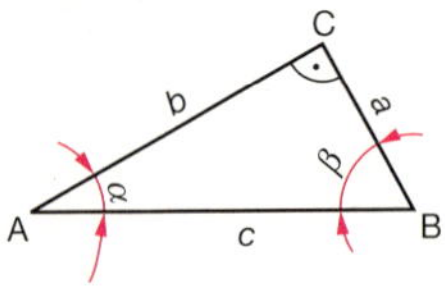


$$\text{Sinus} = \frac{\text{Gegenkathete}}{\text{Hypotenuse}}$$

$$\text{Kosinus} = \frac{\text{Ankathete}}{\text{Hypotenuse}}$$

$$\text{Tangens} = \frac{\text{Gegenkathete}}{\text{Ankathete}}$$

$$\text{Kotangens} = \frac{\text{Ankathete}}{\text{Gegenkathete}}$$

| Winkel $\alpha$ | Winkel $\beta$ |
|---|---|
| $\sin \alpha = \frac{a}{c}$ | $\sin \beta = \frac{b}{c}$ |
| $\cos \alpha = \frac{b}{c}$ | $\cos \beta = \frac{a}{c}$ |
| $\tan \alpha = \frac{a}{b}$ | $\tan \beta = \frac{b}{a}$ |
| $\cot \alpha = \frac{b}{a}$ | $\cot \beta = \frac{a}{b}$ |

*a* : Kathete
Gegenkathete zum Winkel $\alpha$
Ankathete zum Winkel $\beta$

*b* : Kathete
Ankathete zum Winkel $\alpha$
Gegenkathete zum Winkel $\beta$

*c* : Hypotenuse

⊾ : Rechter Winkel

## Teilung von Längen

**Randabstände = Teilung** $l_1 = l_2 = p$

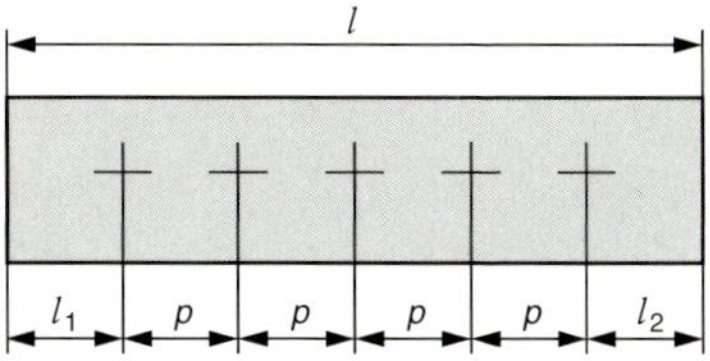


$$p = \frac{l}{n+1}$$

$$z = n + 1$$

$l = z \cdot p$ $\quad$ $l = p \cdot (n+1)$

**Randabstände ≠ Teilung** $l_1 = l_2$ oder $l_1 \neq l_2$

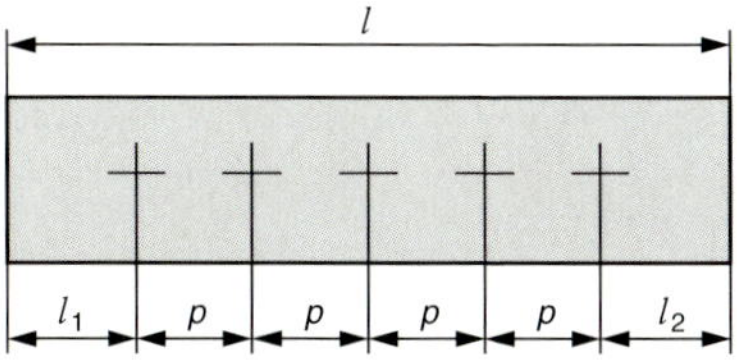


$$p = \frac{l - (l_1 + l_2)}{n-1}$$

$$z = n - 1$$

$l = (l_1 + l_2) + p \cdot z$

$l = (l_1 + l_2) + p \cdot (n-1)$

- $z$ : Anzahl der Teilungen
- $n$ : Anzahl der Bohrungen, Sägeschnitte, Anreißlinien
- $p$ : Teilung
- $l$ : Gesamtlänge
- $l_1$ : Randabstand
- $l_2$ : Randabstand

## Gestreckte Längen

**Vollring**

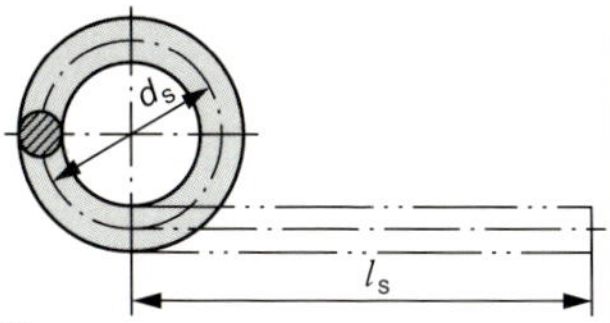


$$l_s = d_s \cdot \pi$$

$$d_s = \frac{l_s}{\pi}$$

**Ringbogen**

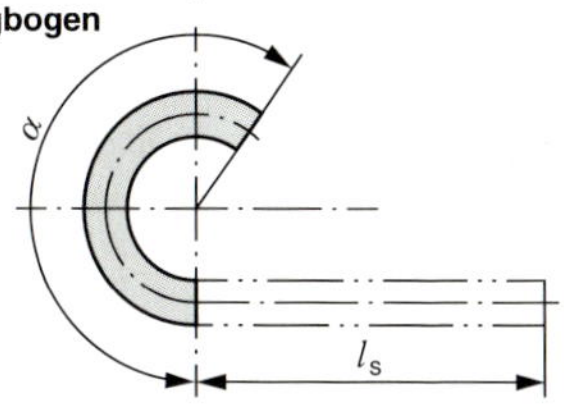


$$l_s = \frac{d_s \cdot \pi \cdot \alpha}{360°}$$

$$d_s = \frac{l_s \cdot 360°}{\pi \cdot \alpha}$$

$$\alpha = \frac{l_s \cdot 360°}{d_s \cdot \pi}$$

- $l_s$ : gestreckte Länge
- $d_s$ : Durchmesser der Schwerpunktlinie
- $\alpha$ : Biegewinkel
- $\pi$ : 3,14159 …

## Drahtlängen zylindrischer Schraubenfedern

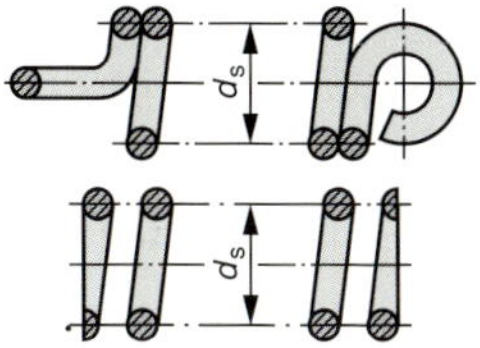


$$l_s = d_s \cdot \pi \cdot (n+2)$$

$$d_s = \frac{l_s}{\pi \cdot (n+2)}$$

$$n = \frac{l_s}{d_s \cdot \pi} - 2$$

- $l_s$ : gestreckte Länge
- $d_s$ : Durchmesser der Schwerpunktlinie
- $n$ : Anzahl der Windungen
- $\pi$ : 3,14159…

## Schwindung

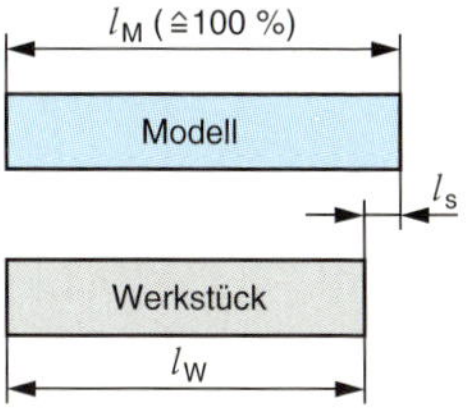


$$l_M = \frac{l_W \cdot 100\,\%}{100\% - S}$$

$$l_W = l_M - l_s$$

$$l_s = \frac{l_M \cdot S}{100\,\%}$$

- $l_M$ : Modellänge
- $l_W$ : Werkstücklänge
- $l_s$ : Schwindung
- $S$ : Schwindmaß

## Flächen

### Quadrat

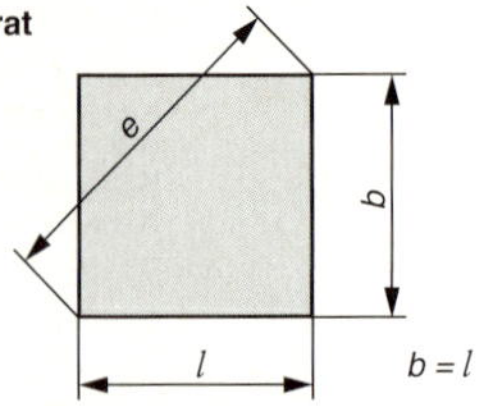


$$A = l \cdot b$$
$$A = l^2$$
$$U = 4 \cdot l$$
$$l = \frac{A}{b} \qquad l = \frac{U}{4}$$
$$b = \frac{A}{l} \qquad e = l \cdot \sqrt{2}$$

$A$ : Fläche
$l$ : Länge
$b$ : Breite
$U$ : Umfang
$e$ : Eckenmaß

### Rhombus

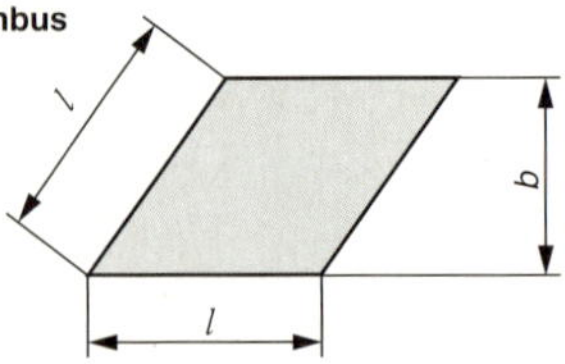


$$A = l \cdot b \qquad U = 4 \cdot l$$
$$l = \frac{A}{b} \qquad l = \frac{U}{4}$$
$$b = \frac{A}{l}$$

$A$ : Fläche
$l$ : Länge
$b$ : Breite
$U$ : Umfang

### Rechteck

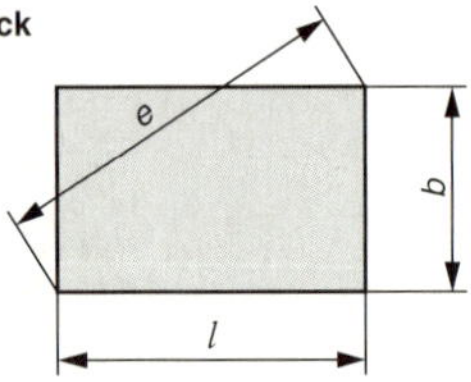


$$A = l \cdot b \qquad U = 2 \cdot (l + b)$$
$$l = \frac{A}{b} \qquad l = \frac{U}{2} - b$$
$$b = \frac{A}{l} \qquad b = \frac{U}{2} - l$$
$$e = \sqrt{l^2 + b^2}$$

$A$ : Fläche
$l$ : Länge
$b$ : Breite
$U$ : Umfang
$e$ : Eckenmaß

### Parallelogramm

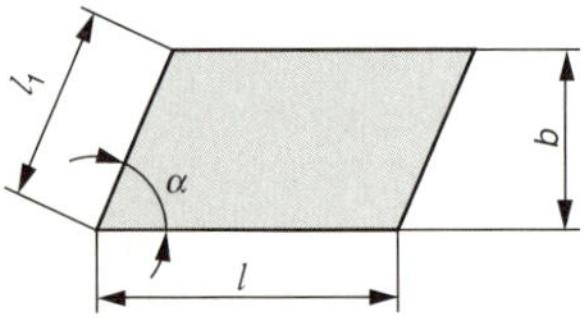


$$A = l \cdot b \qquad U = 2 \cdot (l + l_1)$$
$$A = l \cdot l_1 \cdot \sin\alpha \qquad l = \frac{U}{2} - l_1$$
$$l = \frac{A}{b} \qquad l_1 = \frac{U}{2} - l$$
$$b = \frac{A}{l}$$

$A$ : Fläche
$l$ : Länge
$l_1$ : Seitenlänge
$b$ : Breite
$U$ : Umfang
$\alpha$ : Winkel

### Trapez

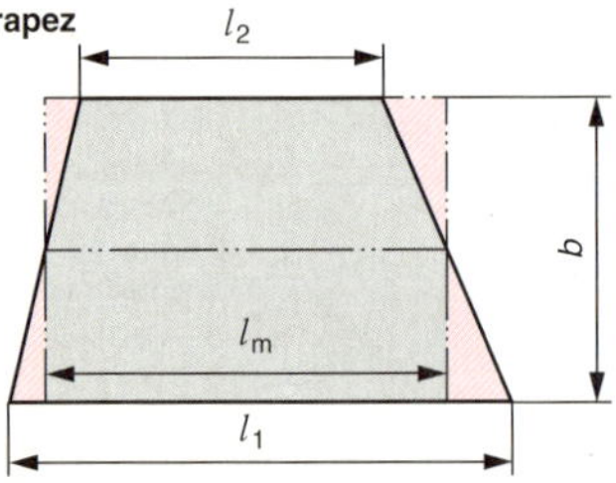


$$A = \frac{l_1 + l_2}{2} \cdot b$$
$$A = l_m \cdot b$$
$$l_1 = \frac{2 \cdot A}{b} - l_2 \qquad l_m = \frac{l_1 + l_2}{2}$$
$$l_2 = \frac{2 \cdot A}{b} - l_1 \qquad l_m = \frac{A}{b}$$
$$b = \frac{2 \cdot A}{l_1 + l_2} \qquad b = \frac{A}{l_m}$$

$A$ : Fläche
$l_1$ : große Seitenlänge
$l_2$ : kleine Seitenlänge
$l_m$ : mittlere Seitenlänge
$b$ : Breite

### Spitzwinkliges Dreieck

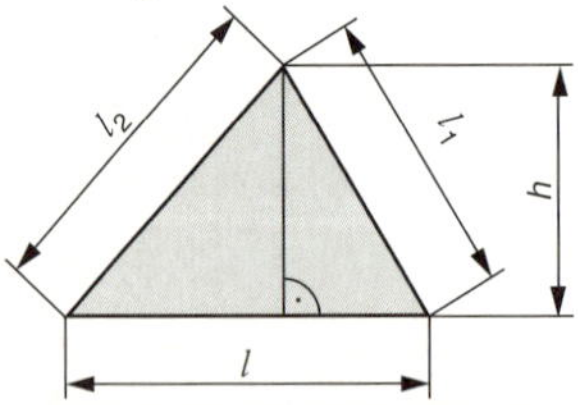


$$A = \frac{l \cdot h}{2} \qquad U = l + l_1 + l_2$$
$$l = \frac{2 \cdot A}{h} \qquad l = U - l_1 - l_2$$
$$l_1 = U - l - l_2$$
$$h = \frac{2 \cdot A}{l} \qquad l_2 = U - l - l_1$$

$A$ : Fläche
$l$ : Seitenlänge
$l_1$ : Seitenlänge
$l_2$ : Seitenlänge
$h$ : Höhe
$U$ : Umfang
⊾ : Rechter Winkel

## Flächen

### Stumpfwinkliges Dreieck

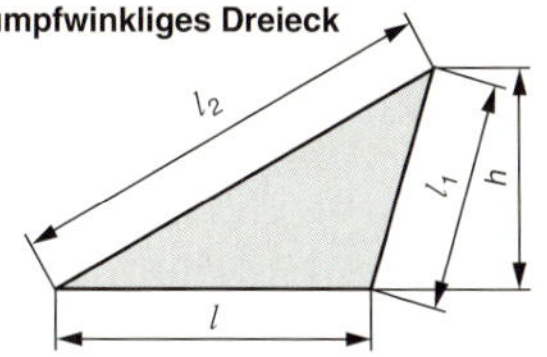


$$\boxed{A = \frac{l \cdot h}{2}} \qquad \boxed{U = l + l_1 + l_2}$$

$$l = \frac{2 \cdot A}{h} \qquad l = U - l_1 - l_2$$

$$l_1 = U - l - l_2$$

$$h = \frac{2 \cdot A}{l} \qquad l_2 = U - l - l_1$$

- $A$ : Fläche
- $l$ : Seitenlänge
- $l_1$ : Seitenlänge
- $l_2$ : Seitenlänge
- $h$ : Höhe
- $U$ : Umfang

### Regelmäßiges Vieleck

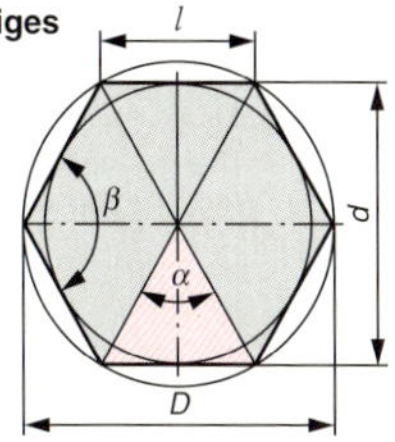


$$\boxed{A = \frac{l \cdot d \cdot n}{4}}$$

$$\alpha = \frac{360°}{n} \qquad \beta = 180° - \alpha$$

$$l = D \cdot \sin\left(\frac{180°}{n}\right) \qquad \beta = \frac{180° \cdot (n-2)}{n}$$

$$d = \sqrt{D^2 - l^2}$$

- $A$ : Fläche
- $l$ : Seitenlänge
- $d$ : Inkreis-Ø
- $n$ : Eckenzahl
- $D$ : Umkreis-Ø
- $\alpha$ : Mittelpunktswinkel
- $\beta$ : Eckenwinkel

### Unregelmäßiges Vieleck

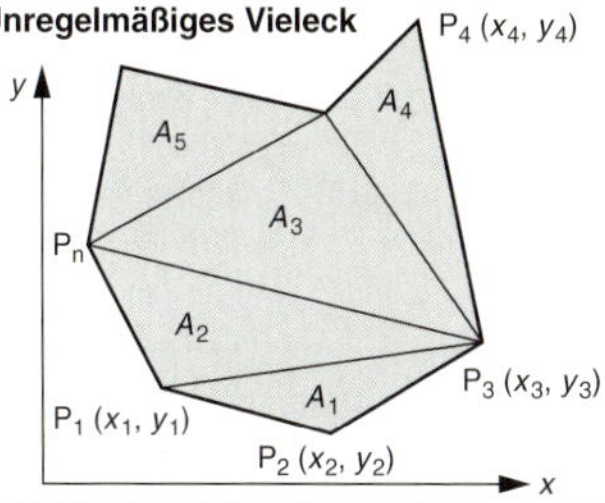


1. Berechnung mit Teilflächen

$$\boxed{A = A_1 + A_2 + A_3 + \ldots + A_n}$$

2. Berechnung mit Koordinaten

$$\boxed{A = \frac{1}{2} \left[(X_1 \cdot Y_2 - X_2 \cdot Y_1) + (X_2 \cdot Y_3 - X_3 \cdot Y_2) + (X_3 \cdot Y_4 - X_4 \cdot Y_3) + \ldots + (X_n \cdot Y_1 - X_1 \cdot Y_n)\right]}$$

- $A$ : Fläche
- $X\ldots$ : Koordinaten der Eckpunkte in X-Richtung
- $Y\ldots$ : Koordinaten der Eckpunkte in Y-Richtung
- $A_{1\ldots}$ : Teilflächen

### Kreis

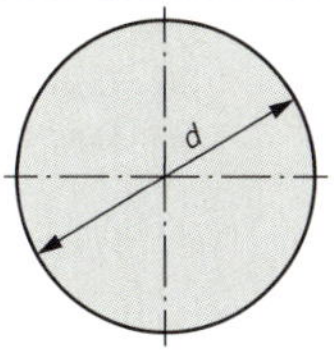


$$\boxed{A = \frac{d^2 \cdot \pi}{4}} \qquad \boxed{U = d \cdot \pi}$$

$$d = \sqrt{\frac{4 \cdot A}{\pi}} \qquad d = \frac{U}{\pi}$$

- $A$ : Fläche
- $d$ : Durchmesser
- $U$ : Umfang
- $\pi$ : 3,14159…

### Kreisausschnitt

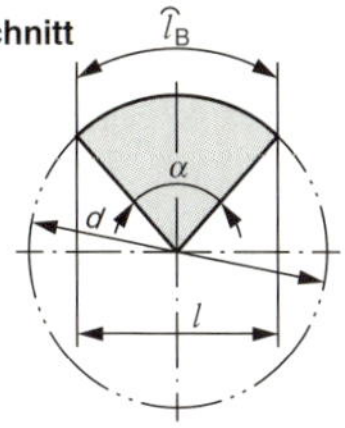


$$\boxed{A = \frac{d^2 \cdot \pi \cdot \alpha}{4 \cdot 360°}} \qquad \boxed{l_B = \frac{d \cdot \pi \cdot \alpha}{360°}}$$

$$\boxed{A = \frac{l_B \cdot d}{4}} \qquad \boxed{l = d \cdot \sin\frac{\alpha}{2}}$$

- $A$ : Fläche
- $d$ : Durchmesser
- $\alpha$ : Zentriwinkel
- $l_B$ : Bogenlänge
- $l$ : Sehnenlänge
- $\pi$ : 3,14159…

### Kreisabschnitt

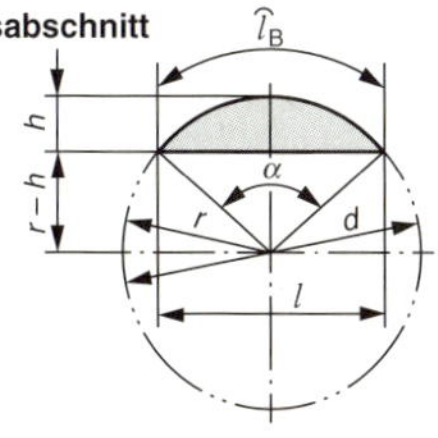


$$\boxed{A = \frac{l_B \cdot r - l \cdot (r - h)}{2}} \qquad \boxed{A \approx \frac{2}{3} \cdot l \cdot h}$$

$$l = d \cdot \sin\frac{\alpha}{2} \qquad l_B = \frac{d \cdot \pi \cdot \alpha}{360°}$$

$$r = \frac{h}{2} + \frac{l^2}{8\,h}$$

$$h = \frac{d}{2} \cdot \left(1 - \cos\frac{\alpha}{2}\right) \qquad h = \frac{l}{2} \cdot \tan\frac{\alpha}{4}$$

- $A$ : Fläche
- $d$ : Durchmesser
- $\alpha$ : Zentriwinkel
- $l$ : Sehnenlänge
- $h$ : Bogenhöhe
- $l_B$ : Bogenlänge
- $r$ : Radius
- $\pi$ : 3,14159…

## Flächen

### Kreisring

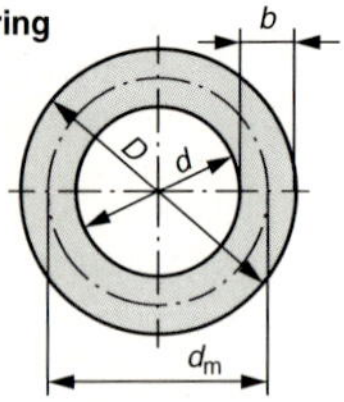


$$A = (D^2 - d^2) \cdot \frac{\pi}{4}$$

$$A = d_m \cdot \pi \cdot b$$

$$D = \sqrt{\frac{4 \cdot A}{\pi} + d^2}$$

$$d = \sqrt{D^2 - \frac{4 \cdot A}{\pi}}$$

$$d_m = \frac{D + d}{2}$$

$$d_m = D - b$$

$$d_m = d + b$$

$A$ : Fläche
$D$ : Außendurchmesser
$d$ : Innendurchmesser
$d_m$: mittlerer Durchmesser
$b$ : Breite
$\pi$ : 3,14159…

### Kreisringausschnitt

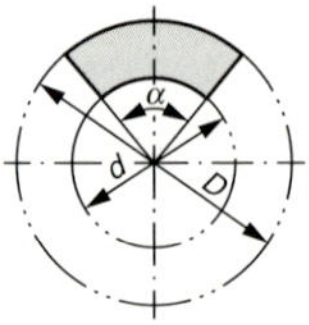


$$A = \left(\frac{D^2 \cdot \pi}{4} - \frac{d^2 \cdot \pi}{4}\right) \cdot \frac{\alpha}{360^\circ}$$

$$A = (D^2 - d^2) \cdot \frac{\pi \cdot \alpha}{4 \cdot 360^\circ}$$

$A$ : Fläche
$D$ : Außendurchmesser
$d$ : Innendurchmesser
$\alpha$ : Zentriwinkel
$\pi$ : 3,14159…

### Ellipse

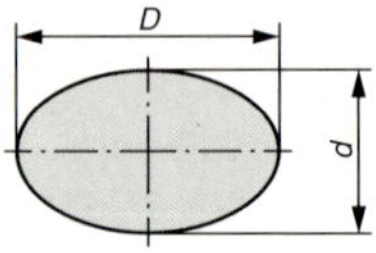


$$A = \frac{D \cdot d \cdot \pi}{4}$$

$$U = \pi \cdot \sqrt{\frac{D^2 + d^2}{2}}$$

$$U \approx \frac{D + d}{2} \cdot \pi$$

$$D = \frac{4 \cdot A}{d \cdot \pi}$$

$$d = \frac{4 \cdot A}{D \cdot \pi}$$

$A$ : Fläche
$D$ : große Achse
$d$ : kleine Achse
$U$ : Umfang
$\pi$ : 3,14159…

## Volumen

### Würfel

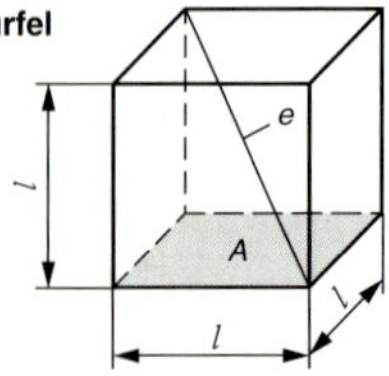


$$V = A \cdot l$$

$$A_O = 6 \cdot l^2$$

$$V = l^3$$

$$l = \sqrt{\frac{A_O}{6}}$$

$$l = \sqrt[3]{V}$$

$$e = l \cdot \sqrt{3}$$

$V$ : Volumen
$A$ : Grundfläche
$l$ : Seitenlänge
$A_O$: Oberfläche
$e$ : Raumdiagonale

### Prisma

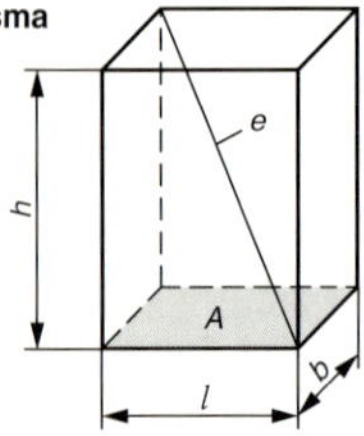


$$V = A \cdot h$$

$$A_O = 2 \cdot (l \cdot h + b \cdot h + l \cdot b)$$

$$V = l \cdot b \cdot h$$

$$e = \sqrt{l^2 + b^2 + h^2}$$

$$l = \frac{V}{b \cdot h}$$

$$b = \frac{V}{l \cdot h}$$

$$h = \frac{V}{l \cdot b}$$

$V$ : Volumen
$A$ : Grundfläche
$l$ : Seitenlänge
$b$ : Breite
$h$ : Höhe
$A_O$: Oberfläche
$e$ : Raumdiagonale

### Zylinder

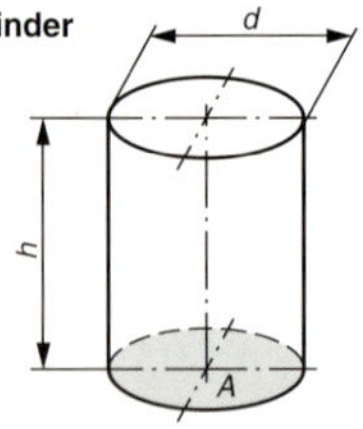


$$V = A \cdot h$$

$$A_O = d \cdot \pi \cdot h + 2 \cdot \frac{d^2 \cdot \pi}{4}$$

$$V = \frac{d^2 \cdot \pi}{4} \cdot h$$

$$d = \sqrt{\frac{4 \cdot V}{\pi \cdot h}}$$

$$h = \frac{4 \cdot V}{d^2 \cdot \pi}$$

$V$ : Volumen
$A$ : Grundfläche
$d$ : Durchmesser
$h$ : Höhe
$A_O$: Oberfläche
$\pi$ : 3,14159…

## Volumen

### Hohlzylinder

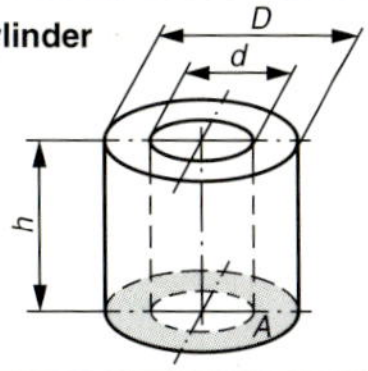


$$V = A \cdot h$$

$$V = (D^2 - d^2) \cdot \frac{\pi \cdot h}{4}$$

$$A_O = (D^2 - d^2) \cdot \frac{\pi}{2} + (D + d) \cdot \pi \cdot h$$

$V$ : Volumen
$A$ : Grundfläche
$D$ : Außendurchmesser
$d$ : Innendurchesser
$h$ : Höhe
$A_O$: Oberfläche
$\pi$ : 3,14159…

### Pyramide

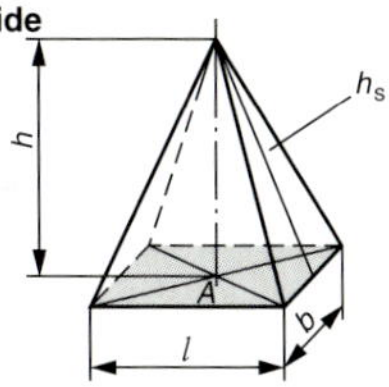


$$V = \frac{A \cdot h}{3}$$

$$V = \frac{l \cdot b \cdot h}{3}$$

$$A_O = h_s \cdot (l + b) + l \cdot b$$

$$h_s = \sqrt{h^2 + \frac{l^2}{4}}$$

$$h = \frac{3 \cdot V}{l \cdot b} \qquad l = \frac{3 \cdot V}{b \cdot h} \qquad b = \frac{3 \cdot V}{l \cdot h}$$

$V$ : Volumen
$A$ : Grundfläche
$l$ : Länge
$b$ : Breite
$h$ : Höhe
$h_s$ : Seitenhöhe
$A_O$: Oberfläche

### Kegel

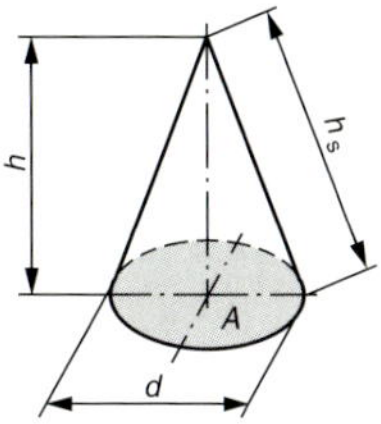


$$V = \frac{A \cdot h}{3}$$

$$V = \frac{d^2 \cdot \pi \cdot h}{4 \cdot 3}$$

$$A_O = \frac{d \cdot \pi \cdot h_s}{2} + \frac{d^2 \cdot \pi}{4}$$

$$d = \sqrt{\frac{12 \cdot V}{\pi \cdot h}} \qquad h_s = \sqrt{h^2 + \frac{d^2}{4}}$$

$$h = \frac{12 \cdot V}{d^2 \cdot \pi}$$

$V$ : Volumen
$A$ : Grundfläche
$d$ : Durchmesser
$h$ : Höhe
$h_s$ : Seitenhöhe
$A_O$: Oberfläche
$\pi$ : 3,14159…

### Pyramidenstumpf

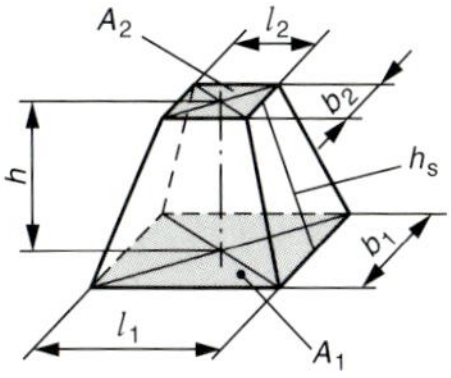


$$V = \frac{h}{3} \cdot (A_1 + A_2 + \sqrt{A_1 \cdot A_2})$$

$$V \approx \frac{A_1 + A_2}{2} \cdot h$$

$$A_O = (l_1 + l_2 + b_1 + b_2) \cdot h_s + l_1 \cdot b_1 + l_2 \cdot b_2$$

$$h_s = \sqrt{\frac{(l_1 - l_2)^2}{4} + h^2}$$

$V$ : Volumen
$h$ : Höhe
$A_1$: Grundfläche
$A_2$: Deckfläche
$l_1$ : untere Länge
$b_1$ : untere Breite
$l_2$ : obere Länge
$b_2$ : obere Breite
$h_s$ : Seitenhöhe
$A_O$: Oberfläche

### Kegelstumpf

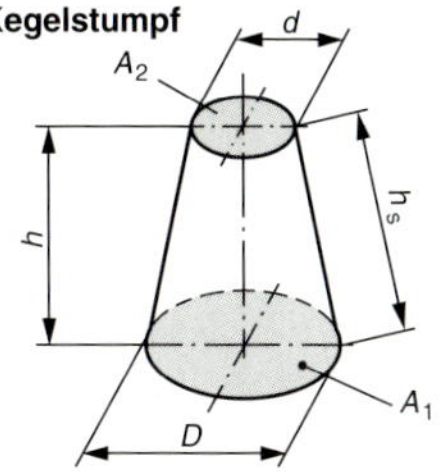


$$V = \frac{h \cdot \pi}{12} \cdot (D^2 + d^2 + D \cdot d)$$

$$V \approx \frac{A_1 + A_2}{2} \cdot h$$

$$A_O = \frac{(D + d)}{2} \cdot \pi \cdot h_s + \frac{(D^2 + d^2) \cdot \pi}{4}$$

$$h_s = \sqrt{\frac{(D - d)^2}{4} + h^2}$$

$V$ : Volumen
$h$ : Höhe
$D$ : unterer Durchmesser
$d$ : oberer Durchmesser
$A_1$: Grundfläche
$A_2$: Deckfläche
$h_s$ : Seitenhöhe
$A_O$: Oberfläche
$\pi$ : 3,14159…

### Kugel

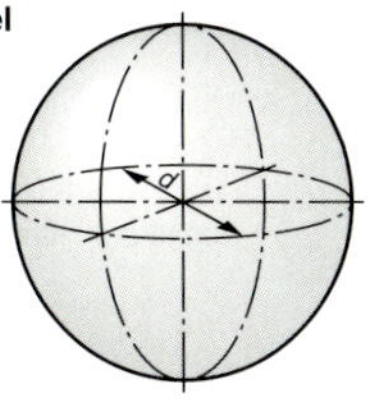


$$V = \frac{d^3 \cdot \pi}{6}$$

$$A_O = d^2 \cdot \pi$$

$$d = \sqrt[3]{\frac{6 \cdot V}{\pi}} \qquad d = \sqrt{\frac{A_O}{\pi}}$$

$V$ : Volumen
$d$ : Durchmesser
$A_O$: Oberfläche
$\pi$ : 3,14159…

## Volumen

### Kugelabschnitt (Kalotte)

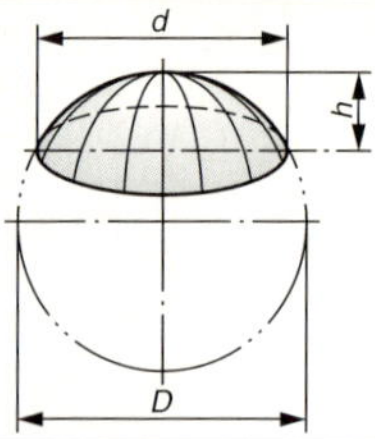


$$V = h^2 \cdot \pi \cdot \left(\frac{D}{2} - \frac{h}{3}\right)$$

$$A_O = D \cdot \pi \cdot h + \frac{d^2 \cdot \pi}{4}$$

- $V$ : Volumen
- $h$ : Kalottenhöhe
- $d$ : Kalottendurchmesser
- $D$ : Kugeldurchmesser
- $A_O$ : Oberfläche
- $\pi$ : 3,14159…

### Zusammengesetzte Körper

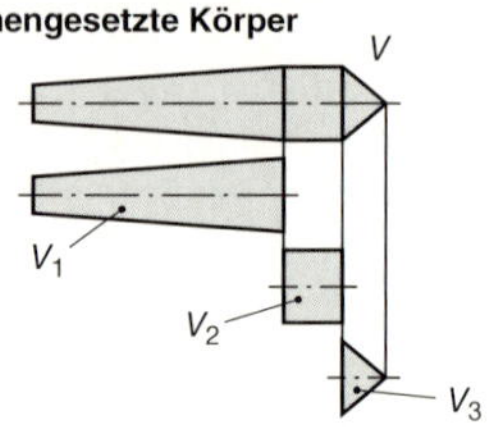


$$V = V_1 + V_2 + V_3$$

$$V_1 = V - V_2 - V_3$$

$$V_2 = V - V_1 - V_3$$

$$V_3 = V - V_1 - V_2$$

- $V$ : Gesamtvolumen
- $V_1$ : Teilvolumen
- $V_2$ : Teilvolumen
- $V_3$ : Teilvolumen

### Guldinsche Regel – Mantelfläche

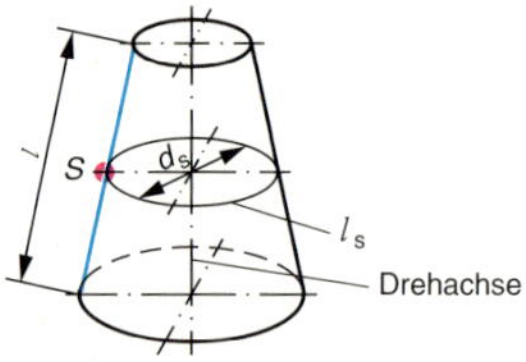


$$A_M = l \cdot l_s$$

$$A_M = l \cdot d_s \cdot \pi$$

- $A_M$ : Mantelfläche
- $l$ : Länge der erzeugenden Linie
- $l_s$ : Schwerpunktsweg
- $d_s$ : Durchmesser im Schwerpunktsweg
- $S$ : Schwerpunkt
- $\pi$ : 3,14159…

### Guldinsche Regel – Oberfläche

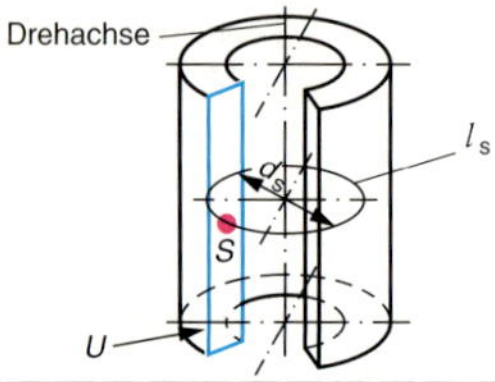


$$A_O = U \cdot l_s$$

$$A_O = U \cdot d_s \cdot \pi$$

- $A_O$ : Oberfläche
- $U$ : Umfangslänge
- $l_s$ : Schwerpunktsweg
- $d_s$ : Durchmesser im Schwerpunktsweg
- $S$ : Schwerpunkt
- $\pi$ : 3,14159…

### Guldinsche Regel – Volumen

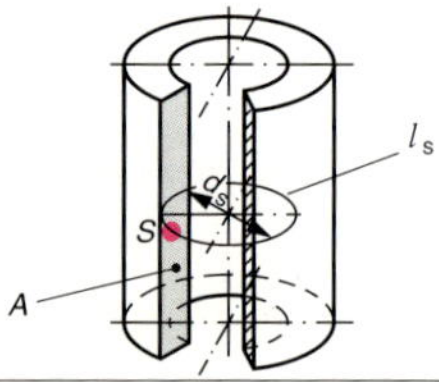


$$V = A \cdot l_s$$

$$V = A \cdot d_s \cdot \pi$$

- $V$ : Volumen
- $A$ : erzeugende Fläche
- $l_s$ : Schwerpunktsweg
- $d_s$ : Durchmesser im Schwerpunktsweg
- $S$ : Schwerpunkt
- $\pi$ : 3,14159…

### Simpsonsche Regel – Volumen

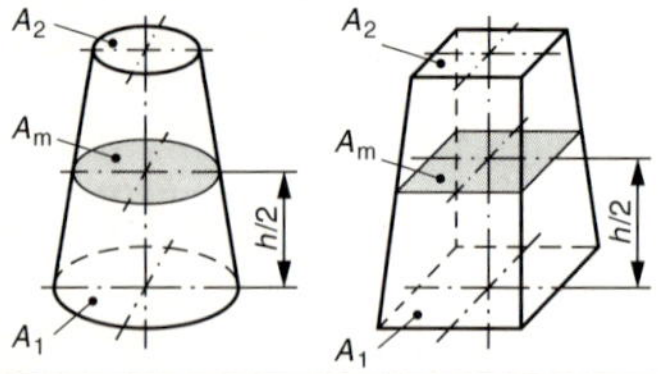


$$V \approx \frac{h}{6}\,(A_1 + A_2 + 4 \cdot A_m)$$

- $V$ : Volumen
- $h$ : Höhe
- $A_1$ : Grundfläche
- $A_2$ : Deckfläche
- $A_m$ : Fläche auf mittlerer Höhe

## Masse

### Masse mit Volumen und Dichte

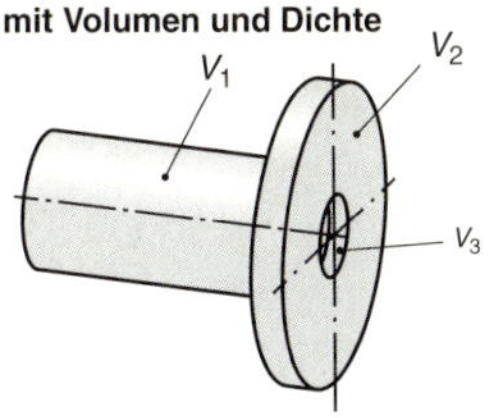


$$m = V \cdot \varrho$$

$$m = (V_1 + V_2 - V_3 \ldots) \cdot \varrho$$

$$V = \frac{m}{\varrho}$$

$$\varrho = \frac{m}{V}$$

$m$ : Masse
$V$ : Volumen
$\varrho$ : Dichte
$V_1$ : Teilvolumen
$V_2$ : Teilvolumen
$V_3$ : Teilvolumen

### Längenbezogene Masse

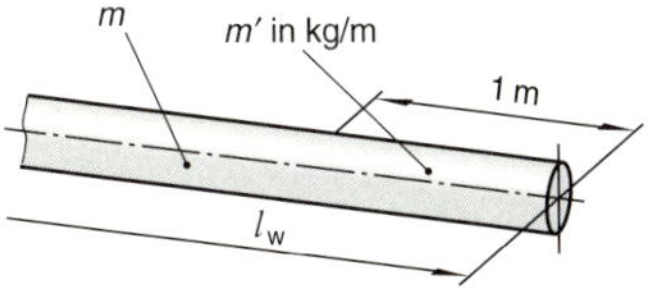


$$m = m' \cdot l_w$$

$$m' = \frac{m}{l_w}$$

$$l_w = \frac{m}{m'}$$

$m$ : Masse
$m'$ : längenbezogene Masse
$l_w$ : Werkstücklänge

### Flächenbzogene Masse

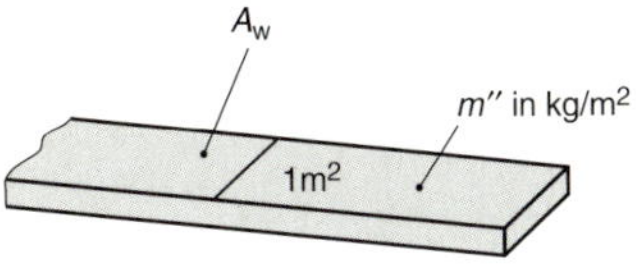


$$m = m'' \cdot A_w$$

$$m'' = \frac{m}{A_w}$$

$$A_w = \frac{m}{m''}$$

$m$ : Masse
$m''$ : flächenbezogene Masse
$A_w$ : Werkstückfläche

### Rohlänge

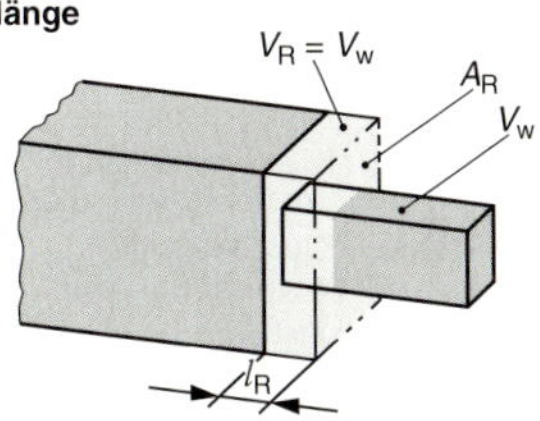


$$l_R = \frac{V_w}{A_R}$$

$$V_w = l_R \cdot A_R$$

$$A_R = \frac{V_w}{l_R}$$

$l_R$ : Länge des Rohlings
$V_w$ : Volumen des angeschmiedeten Werkstückteils
$A_R$ : Querschnitt des Rohlings

## Bewegung

### Gleichförmige, geradlinige Bewegung

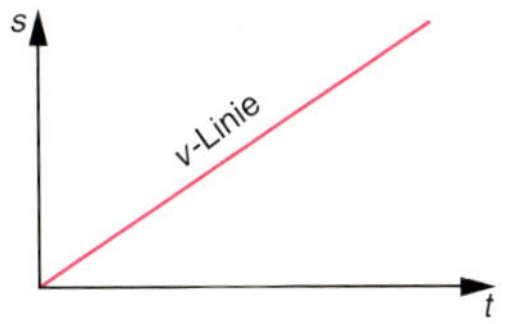


$$v = \frac{s}{t}$$

$$s = v \cdot t$$

$$t = \frac{s}{v}$$

$v$ : Geschwindigkeit
$s$ : Weg
$t$ : Zeit

### Gleichförmige Drehbewegung; Schnittgeschwindigkeit

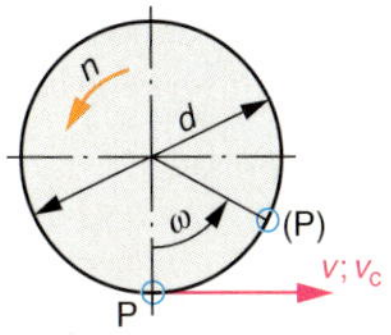


$$v = d \cdot \pi \cdot n$$
$$v = \frac{d}{2} \cdot \omega = r \cdot \omega$$

$$v_c = d \cdot \pi \cdot n$$
$$v_c = \frac{d}{2} \cdot \omega = r \cdot \omega$$

$$d = \frac{v}{\pi \cdot n} \qquad d = \frac{v_c}{\pi \cdot n}$$

$$n = \frac{v}{d \cdot \pi} \qquad n = \frac{v_c}{d \cdot \pi}$$

$v$ : Umfangsgeschwindigkeit
$v_c$ : Schnittgeschwindigkeit
$d$ : Durchmesser
$r$ : Radius
$n$ : Umdrehungsfrequenz
$\omega$ : Winkelgeschwindigkeit
$\pi$ : 3,14159…

| Bewegung | | |
|---|---|---|
| **Winkelgeschwindigkeit**<br>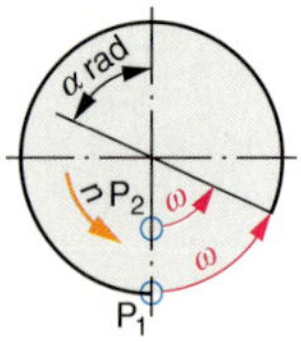 | $\boxed{\omega = 2 \cdot \pi \cdot n}$<br>$n = \dfrac{\omega}{2 \cdot \pi}$ | $\omega$ : Winkelgeschwindigkeit<br>$n$ : Umdrehungsfrequenz<br>$\pi$ : 3,14159… |
| **Gleichmäßig beschleunigte Bewegung aus dem Stand**<br>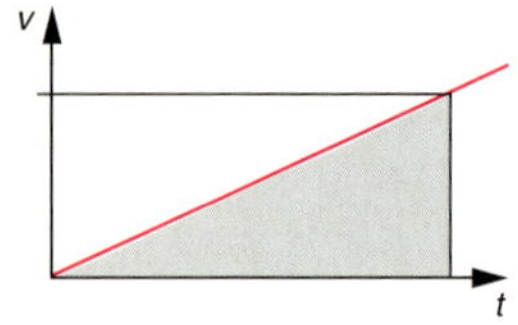 | $\boxed{a = \dfrac{v}{t}}$<br>$v = a \cdot t$<br>$t = \dfrac{v}{a}$ | $a$ : Beschleunigung<br>$v$ : Geschwindigkeit nach der Beschleunigung<br>$t$ : Zeit |
| **Gleichmäßig verzögerte Bewegung bis zum Stillstand**<br>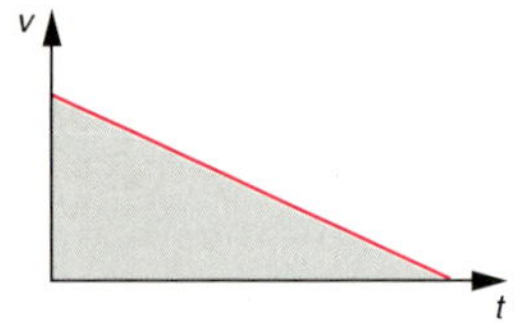 | $\boxed{a = \dfrac{v}{t}}$<br>$v = a \cdot t$<br>$t = \dfrac{v}{a}$ | $a$ : Verzögerung<br>$v$ : Geschwindigkeit vor der Verzögerung<br>$t$ : Zeit |
| **Gleichmäßig beschleunigte Bewegung in der Bewegung**<br>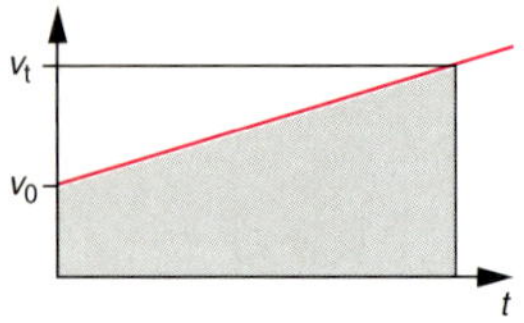 | $\boxed{a = \dfrac{v_t - v_0}{t}}$<br>$v = a \cdot t + v_0$<br>$v_0 = v_t - a \cdot t$ | $a$ : Beschleunigung<br>$v_0$ : Geschwindigkeit vor der Beschleunigung<br>$v_t$ : Geschwindigkeit nach der Beschleunigung<br>$t$ : Zeit |
| **Gleichmäßig verzögerte Bewegung in der Bewegung**<br>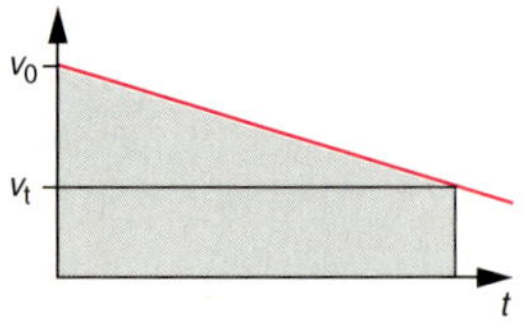 | $\boxed{a = \dfrac{v_0 - v_t}{t}}$<br>$v_t = v_0 - a \cdot t$<br>$v_0 = a \cdot t + v_t$ | $a$ : Verzögerung<br>$v_0$ : Geschwindigkeit vor der Verzögerung<br>$v_t$ : Geschwindigkeit nach der Verzögerung<br>$t$ : Zeit |
| **Freier Fall**<br>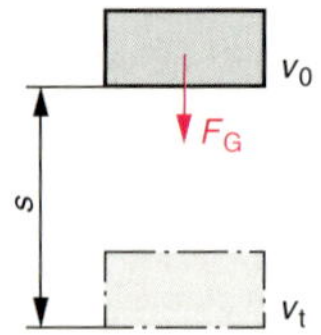 | $\boxed{v_t = g \cdot t}$<br>$s = \dfrac{g \cdot t^2}{2}$<br>$t = \sqrt{\dfrac{2 \cdot s}{g}}$ | $v_t$ : Geschwindigkeit nach der Fallzeit $t$<br>$g$ : Fallbeschleunigung<br>$s$ : in der Fallzeit zurückgelegter Weg<br>$t$ : Fallzeit |

## Kräfte

| | | |
|---|---|---|
| **Kraft** 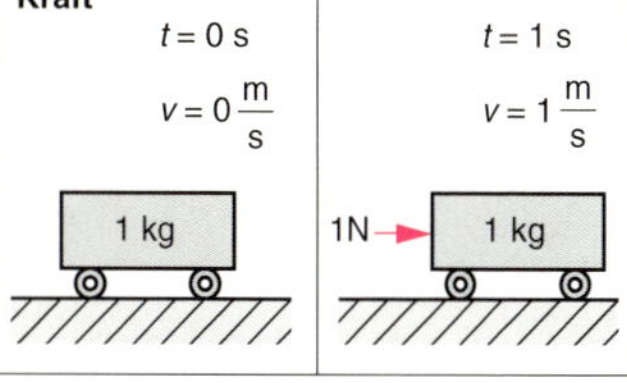  | $\boxed{F = m \cdot a}$<br>$m = \frac{F}{a}$<br>$a = \frac{F}{m}$ | $F$ : Kraft<br>$m$ : Masse<br>$a$ : Beschleunigung |
| **Gewichtskraft** 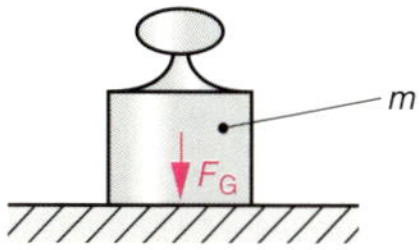  | $\boxed{F_G = m \cdot g}$<br>$m = \frac{F_G}{g}$<br>$g = \frac{F_G}{m}$ | $F_G$: Gewichtskraft<br>$m$ : Masse<br>$g$ : Fallbeschleunigung |
| **Federkraft** 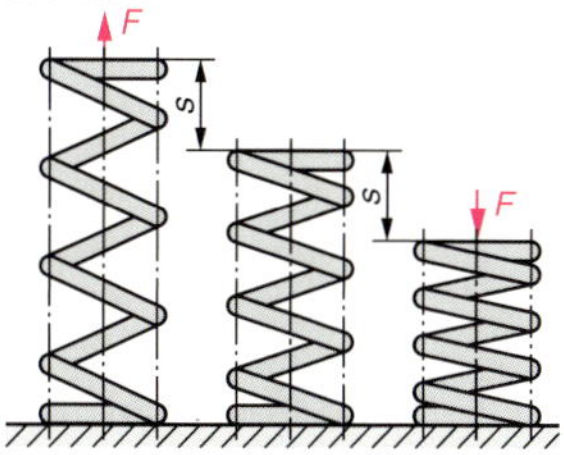  | $\boxed{F = R \cdot s}$<br>$R = \frac{F}{s}$<br>$s = \frac{F}{R}$ | $F$ : Federkraft<br>$R$ : Federrate<br>$s$ : Federweg |
| **Darstellung von Kräften** 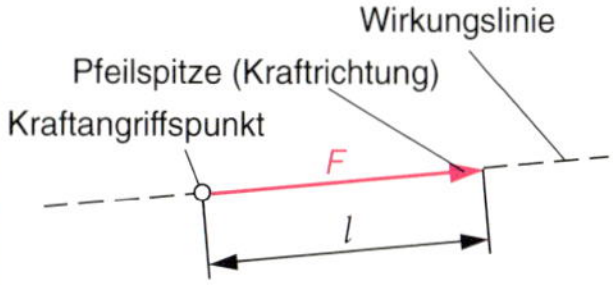  | $\boxed{F = l \cdot KM}$<br>$l = \frac{F}{KM}$<br>$KM = \frac{F}{l}$ | $F$ : Kraftbetrag<br>$l$ : Pfeillänge<br>$KM$ : Kräftemaßstab |
| **Kräfteparallelogramm** 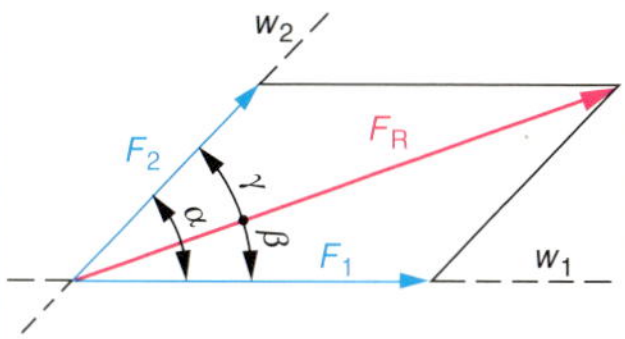  | $\boxed{F_R = \sqrt{F_1{}^2 + F_2{}^2 + 2 \cdot F_1 \cdot F_2 \cdot \cos\alpha}}$<br>$\sin\beta = \frac{F_2}{F_R} \cdot \sin\alpha$<br>$\sin\gamma = \frac{F_1}{F_R} \cdot \sin\alpha$ | $F_1$ : Teilkraft<br>$F_2$ : Teilkraft<br>$F_R$ : Resultierende (Ersatzkraft)<br>$\alpha$, $\beta$, $\gamma$ : Winkel zur Richtungsbeschreibung<br>$w_1$ : Wirkungslinie<br>$w_2$ : Wirkungslinie |
| **Krafteck (Kräftepolygon)** 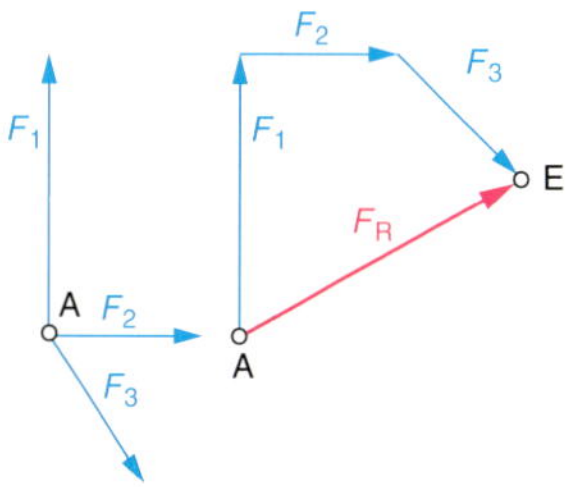  | Die Teilkräfte $F_1$, $F_2$ … $F_n$ werden maßstabgerecht in beliebiger Reihenfolge aneinandergereiht.<br>Die Resultierende $F_R$ ist die Verbindung vom Kraftangriffspunkt A der zuerst gezeichneten Kraft zum Endpunkt E der zuletzt gezeichneten Kraft. | $F_1$ : Teilkraft<br>$F_2$ : Teilkraft<br>$F_3$ : Teilkraft<br>$F_R$ : Resultierende (Ersatzkraft)<br>A : Kraftangriffspunkt<br>E : Endpunkt des Kraftecks |

| Kräfte | | |
|---|---|---|
| **Kraftmoment**<br>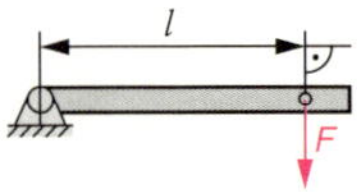 | $M = F \cdot l$<br>$F = \dfrac{M}{l}$<br>$l = \dfrac{M}{F}$ | $M$ : Kraftmoment<br>$F$ : Kraft<br>$l$ : wirksamer Hebelarm<br>⊾ : Rechter Winkel |
| **Hebelgesetz (einseitiger Hebel)**<br>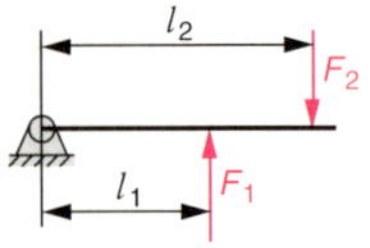 | $M_l = M_r$<br>$F_1 \cdot l_1 = F_2 \cdot l_2$<br>$F_1 = \dfrac{F_2 \cdot l_2}{l_1}$ $F_2 = \dfrac{F_1 \cdot l_1}{l_2}$<br>$l_1 = \dfrac{F_2 \cdot l_2}{F_1}$ $l_2 = \dfrac{F_1 \cdot l_1}{F_2}$ | $M_l$: linksdrehendes Kraftmoment<br>$M_r$: rechtsdrehendes Kraftmoment<br>$F_1$: Kraft<br>$F_2$: Kraft<br>$l_1$ : wirksamer Hebelarm<br>$l_2$ : wirksamer Hebelarm |
| **Hebelgesetz (zweiseitiger Hebel)**<br>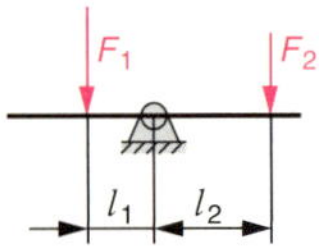 | $M_l = M_r$<br>$F_1 \cdot l_1 = F_2 \cdot l_2$<br>$F_1 = \dfrac{F_2 \cdot l_2}{l_1}$ $F_2 = \dfrac{F_1 \cdot l_1}{l_2}$<br>$l_1 = \dfrac{F_2 \cdot l_2}{F_1}$ $l_2 = \dfrac{F_1 \cdot l_1}{F_2}$ | $M_l$: linksdrehendes Kraftmoment<br>$M_r$: rechtsdrehendes Kraftmoment<br>$F_1$: Kraft<br>$F_2$: Kraft<br>$l_1$ : wirksamer Hebelarm<br>$l_2$ : wirksamer Hebelarm |
| **Hebelgesetz (zweiseitiger Hebel)**<br>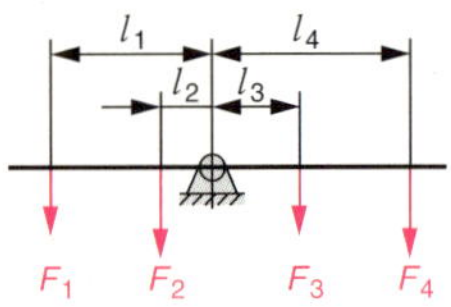 | $\Sigma M_l = \Sigma M_r$<br>$F_1 \cdot l_1 + F_2 \cdot l_2 = F_3 \cdot l_3 + F_4 \cdot l_4$<br>$F_1 = \dfrac{F_3 \cdot l_3 + F_4 \cdot l_4 - F_2 \cdot l_2}{l_1}$<br>$l_1 = \dfrac{F_3 \cdot l_3 + F_4 \cdot l_4 - F_2 \cdot l_2}{F_1}$ | $M_l$: linksdr. Kraftmoment<br>$M_r$: rechtsdr. Kraftmoment<br>$F_1$: Kraft<br>$F_2$: Kraft<br>$F_3$: Kraft<br>$F_4$: Kraft<br>$l_1$ : wirksamer Hebelarm<br>$l_2$ : wirksamer Hebelarm<br>$l_3$ : wirksamer Hebelarm<br>$l_4$ : wirksamer Hebelarm |
| **Hebelgesetz (Winkelhebel)**<br>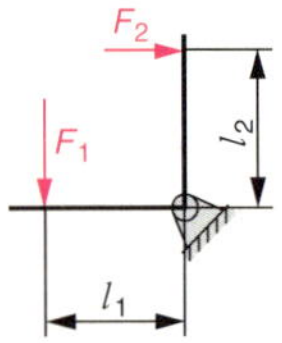 | $M_l = M_r$<br>$F_1 \cdot l_1 = F_2 \cdot l_2$<br>$F_1 = \dfrac{F_2 \cdot l_2}{l_1}$ $F_2 = \dfrac{F_1 \cdot l_1}{l_2}$<br>$l_1 = \dfrac{F_2 \cdot l_2}{F_1}$ $l_2 = \dfrac{F_1 \cdot l_1}{F_2}$ | $M_l$: linksdrehendes Kraftmoment<br>$M_r$: rechtsdrehendes Kraftmoment<br>$F_1$: Kraft<br>$F_2$: Kraft<br>$l_1$ : wirksamer Hebelarm<br>$l_2$ : wirksamer Hebelarm |
| **Auflagerkräfte**<br>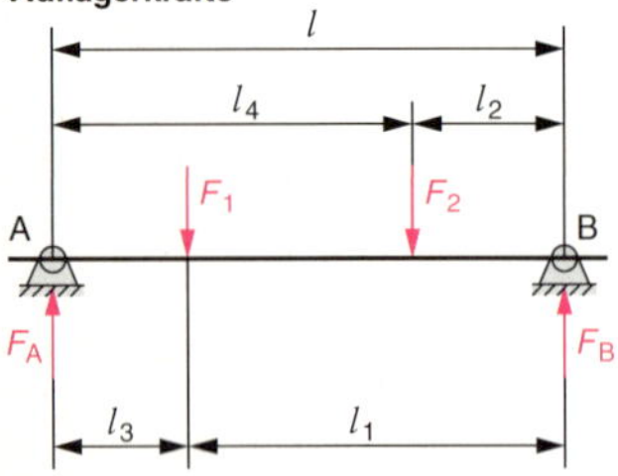 | Drehpunkt bei B<br>$F_A = \dfrac{F_1 \cdot l_1 + F_2 \cdot l_2}{l}$<br>Drehpunkt bei A<br>$F_B = \dfrac{F_1 \cdot l_3 + F_2 \cdot l_4}{l}$<br>$F_A + F_B = F_1 + F_2$ | $F_A$: Auflagerkraft<br>$F_B$: Auflagerkraft<br>$F_1$: Belastungskraft<br>$F_2$: Belastungskraft<br>$l_1$, $l_2$: wirksame Hebelarme für Drehpunkt B<br>$l_3$, $l_4$: wirksame Hebelarme für Drehpunkt A |

## Reibung

### Reibung zwischen ebenen Flächen

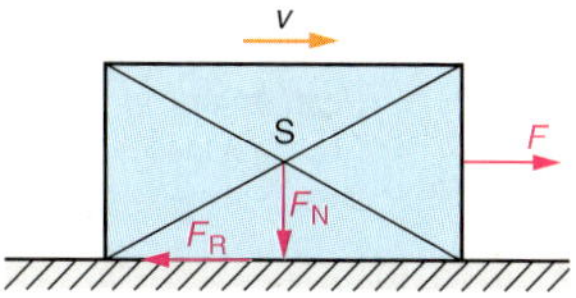


Haftreibung (v = 0):

$$F_{Ro} \leq \mu_0 \cdot F_N$$

Gleitreibung (v > 0):

$$F_R = \mu \cdot F_N$$

$$F_N = \frac{F_R}{\mu}$$

$$F > F_R$$

- $F$ : Kraft
- $F_{Ro}$ : Reibungskraft im Ruhezustand
- $\mu_0$ : Haftreibungszahl
- $F_N$ : Normalkraft
- $F_R$ : Reibungskraft bei gleichförmiger Bewegung
- $\mu$ : Gleitreibungszahl
- $v$ : Geschwindigkeit

### Gleitreibung am Radiallager

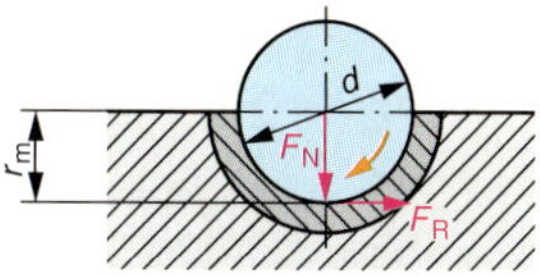


$$F_R = \mu \cdot F_N$$

$$M_R = F_R \cdot r_m$$

$$r_m = \frac{d}{2}$$

$$F_N = \frac{F_R}{\mu} \qquad F_R = \frac{M_R}{r_m}$$

- $F_R$ : Reibungskraft
- $\mu$ : Gleitreibungszahl
- $F_N$ : Normalkraft
- $M_R$ : Reibungsmoment
- $r_m$ : Wirkradius
- $d$ : Zapfendurchmesser

### Gleitreibung am Axiallager

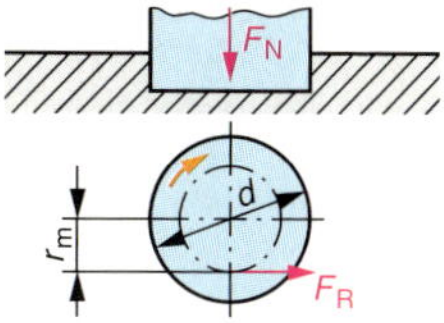


$$F_R = \mu \cdot F_N$$

$$M_R = F_R \cdot r_m$$

$$r_m = \frac{d}{3}$$

$$F_N = \frac{F_R}{\mu} \qquad F_R = \frac{M_R}{r_m}$$

- $F_R$ : Reibungskraft
- $\mu$ : Gleitreibungszahl
- $F_N$ : Normalkraft
- $M_R$ : Reibungsmoment
- $r_m$ : Wirkradius
- $d$ : Zapfendurchmesser

### Rollreibung am Wälzlager

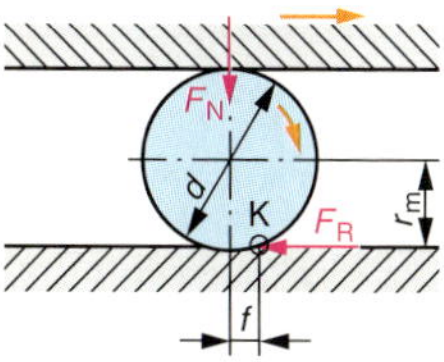


$$F_R \cdot r_m = F_N \cdot f$$

$$F_R = \frac{f}{r_m} \cdot F_N$$

$$F_R = \mu \cdot F_N$$

$$M_R = F_R \cdot r_m$$

$$r_m \approx \frac{d}{2}$$

$$\frac{f}{r_m} = \mu$$

- $F_R$ : Rollreibungskraft
- $d$ : Wälzkörperdurchmesser
- $F_N$ : Normalkraft
- $f$ : Rollreibungskoeffizient
- $r_m$ : Wirkradius
- $\mu$ : Rollreibungszahl
- $M_R$ : Reibungsmoment
- K : Kipppunkt

## Kraftwandler

### Seilwinde

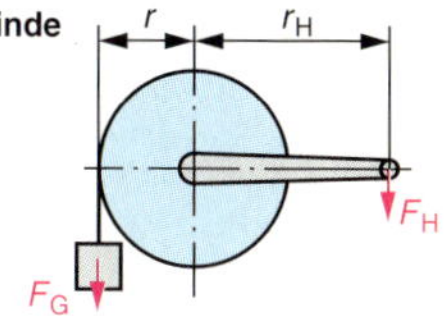


$$F_H \cdot r_H \cdot \eta = F_G \cdot r$$

$$F_H = \frac{F_G \cdot r}{r_H \cdot \eta}$$

$$F_G = \frac{F_H \cdot r_H \cdot \eta}{r}$$

- $F_G$ : Gewichtskraft
- $r$ : Trommelradius
- $F_H$ : Handkraft
- $r_H$ : Handhebelradius
- $\eta$ : Wirkungsgrad

### Räderwinde

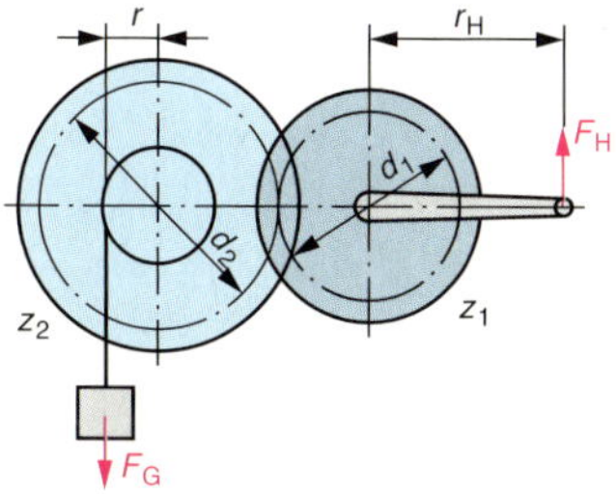


$$F_H \cdot r_H \cdot i \cdot \eta = F_G \cdot r$$

$$i = \frac{d_2}{d_1} = \frac{z_2}{z_1}$$

$$F_H = \frac{F_G \cdot r}{r_H \cdot i \cdot \eta}$$

$$F_G = \frac{F_H \cdot r_H \cdot i \cdot \eta}{r}$$

- $F_H$ : Handkraft
- $F_G$ : Gewichtskraft
- $r_H$ : Handhebelradius
- $r$ : Trommelradius
- $d_1$ : Teilkreisdurchmesser am Zahnrad 1
- $d_2$ : Teilkreisdurchmesser am Zahnrad 2
- $z_1$ : Zähnezahl am Zahnrad 1
- $z_2$ : Zähnezahl am Zahnrad 2
- $i$ : Übersetzungsverhältnis
- $\eta$ : Wirkungsgrad

## Kraftwandler

### Kraftmomente an Zahnradgetrieben

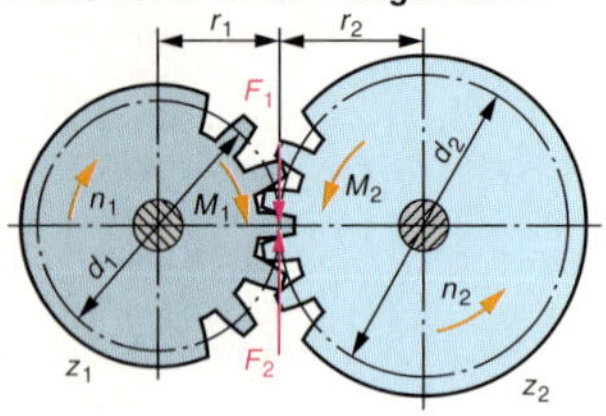


$$\frac{M_2}{M_1} = \frac{d_2}{d_1} = \frac{z_2}{z_1} = \frac{n_1}{n_2} = i$$

$$M_2 = M_1 \cdot i \cdot \eta$$

$$M_{exi} = M_{ing} \cdot i \cdot \eta$$

- $M$ : Kraftmoment
- $F$ : Umfangskraft
- $d$ : Teilkreisdurchmesser
- $z$ : Zähnezahl
- $n$ : Umdrehungsfrequenz
- $i$ : Übersetzungsverhältnis
- $\eta$ : Wirkungsgrad

### Feste Rolle

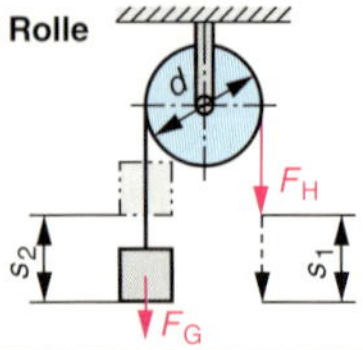


$$F_H \cdot \eta = F_G$$

$$s_1 = s_2$$

$$F_H = \frac{F_G}{\eta}$$

- $F_G$ : Gewichtskraft
- $F_H$ : Handkraft
- $s_1$ : Kraftweg
- $s_2$ : Lastweg
- $d$ : Rollendurchmesser
- $\eta$ : Wirkungsgrad

### Lose Rolle

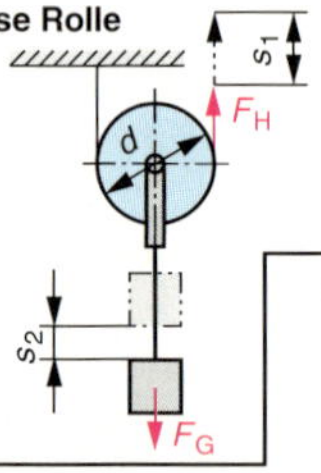


$$F_H \cdot \eta = \frac{F_G}{2}$$

$$s_1 = 2 \cdot s_2$$

$$F_H = \frac{F_G}{2 \cdot \eta}$$

$$F_G = F_H \cdot \eta \cdot 2$$

- $F_G$ : Gewichtskraft
- $F_H$ : Handkraft
- $s_1$ : Kraftweg
- $s_2$ : Lastweg
- $d$ : Rollendurchmesser
- $\eta$ : Wirkungsgrad

### Rollenflaschenzug

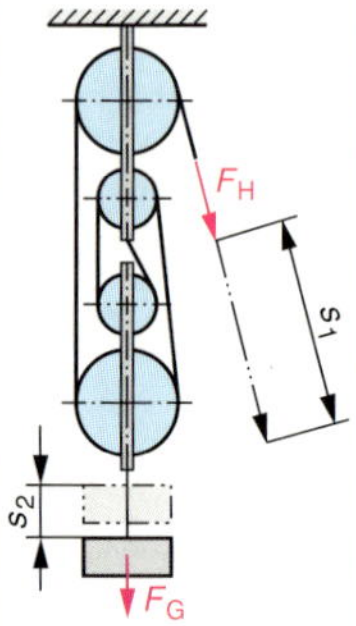


$$F_H \cdot \eta = \frac{F_G}{n}$$

$$s_1 = n \cdot s_2$$

$$F_H = \frac{F_G}{n \cdot \eta}$$

$$F_G = F_H \cdot \eta \cdot n$$

- $F_H$ : Handkraft
- $F_G$ : Gewichtskraft
- $n$ : Anzahl der Rollen
- $s_1$ : Kraftweg
- $s_2$ : Lastweg
- $\eta$ : Wirkungsgrad

### Differential-Flaschenzug

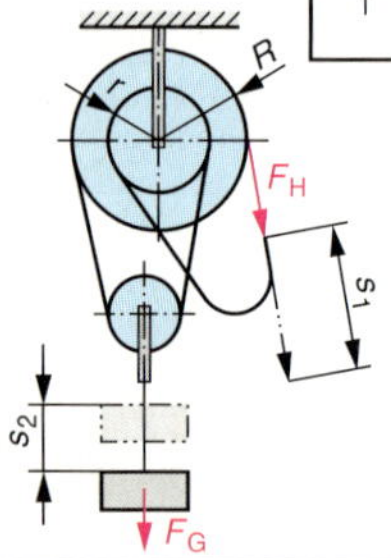


$$F_H \cdot \eta = \frac{F_G}{2} \cdot \frac{R-r}{R}$$

$$s_1 = 2 \cdot s_2 \cdot \frac{R}{R-r}$$

$$F_H = \frac{F_G \cdot (R-r)}{2 \cdot R \cdot \eta}$$

$$F_G = \frac{F_H \cdot 2 \cdot R \cdot \eta}{R-r}$$

- $F_H$ : Handkraft
- $F_G$ : Gewichtskraft
- $R$ : Radius der großen festen Rolle
- $r$ : Radius der kleinen festen Rolle
- $s_1$ : Kraftweg
- $s_2$ : Lastweg
- $\eta$ : Wirkungsgrad

### Schraube

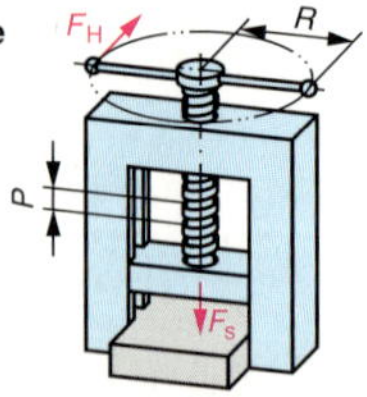


$$F_H \cdot 2 \cdot R \cdot \pi \cdot \eta = F_s \cdot P$$

$$F_H = \frac{F_s \cdot P}{2 \cdot R \cdot \pi \cdot \eta}$$

$$F_s = \frac{F_H \cdot 2 \cdot R \cdot \eta \cdot \pi}{P}$$

- $F_H$ : Handkraft
- $F_s$ : Kraft in Richtung der Schraubenachse
- $R$ : wirksamer Hebelarm
- $P$ : Gewindesteigung
- $\eta$ : Wirkungsgrad
- $\pi$ : 3,14159…

## Kraftwandler

### Schiefe Ebene

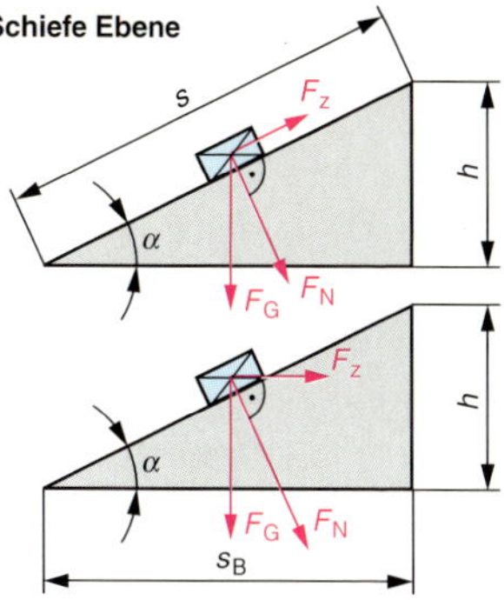


$$F_Z \cdot s \cdot \eta = F_G \cdot h$$
$$F_Z \cdot \eta = F_G \cdot \sin\alpha$$
$$F_N = F_G \cdot \cos\alpha$$

$$F_Z \cdot s_B \cdot \eta = F_G \cdot h$$
$$F_Z \cdot \eta = F_G \cdot \tan\alpha$$
$$F_N = \frac{F_G}{\cos\alpha}$$

$F_Z$ : Zugkraft
$F_G$ : Gewichtskraft
$F_N$ : Normalkraft
$s$ : Länge der schiefen Ebene
$h$ : Höhe der schiefen Ebene
$\alpha$ : Steigungswinkel
$\eta$ : Wirkungsgrad
$s_B$ : Basis der schiefen Ebene

### Stellkeil

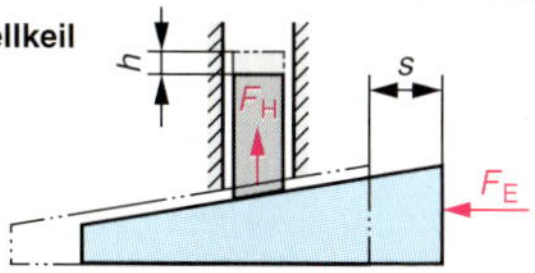


$$F_E \cdot s \cdot \eta = F_H \cdot h$$

$$F_E = \frac{F_H \cdot h}{s \cdot \eta} \qquad F_H = \frac{F_E \cdot s \cdot \eta}{h}$$

$F_E$ : Eintreibkraft
$s$ : Verstellweg
$F_H$ : Hubkraft
$h$ : Hubhöhe
$\eta$ : Wirkungsgrad

## Getriebe

### Flachriemengetriebe, einfache Übersetzung

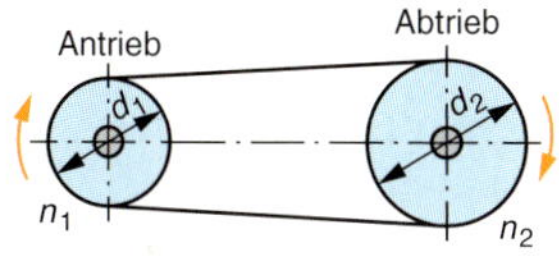


$$d_1 \cdot n_1 = d_2 \cdot n_2$$
$$i = \frac{n_1}{n_2} = \frac{d_2}{d_1}$$

$$n_1 = \frac{d_2 \cdot n_2}{d_1} \qquad n_2 = \frac{d_1 \cdot n_1}{d_2}$$

$$d_1 = \frac{d_2 \cdot n_2}{n_1} \qquad d_2 = \frac{d_1 \cdot n_1}{n_2}$$

$d_1$ : Durchmesser der treibenden Scheibe
$d_2$ : Durchmesser der getriebenen Scheibe
$n_1$ : Umdrehungsfrequenz der treibenden Scheibe
$n_2$ : Umdrehungsfrequenz der getriebenen Scheibe
$i$ : Übersetzungsverhältnis

### Flachriemengetriebe, doppelte Übersetzung

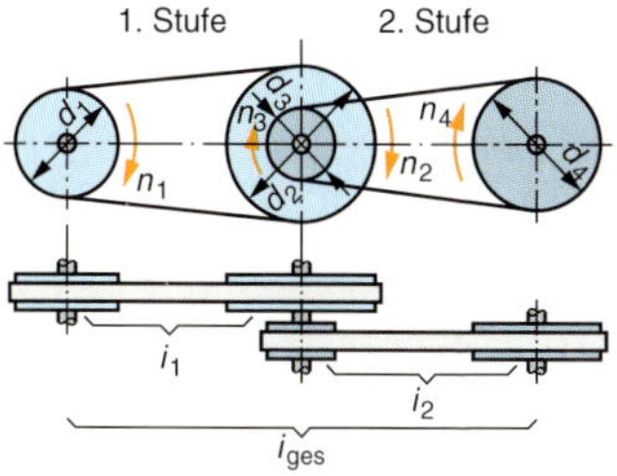


$$n_1 \cdot d_1 \cdot d_3 = n_4 \cdot d_2 \cdot d_4$$
$$n_A \cdot d_1 \cdot d_3 \cdot \ldots = n_E \cdot d_2 \cdot d_4 \cdot \ldots$$

$$i_{ges} = i_1 \cdot i_2 = \frac{n_1}{n_2} \cdot \frac{n_3}{n_4} = \frac{n_1}{n_4}$$

$$i_{ges} = i_1 \cdot i_2 = \frac{d_2 \cdot d_4}{d_1 \cdot d_3}$$

$$i_{ges} = \frac{n_A}{n_E} = \frac{d_2 \cdot d_4 \cdot d_6 \cdot \ldots}{d_1 \cdot d_3 \cdot d_5 \cdot \ldots}$$

$d_1; d_3$ : Durchmesser der treibenden Scheiben
$d_2; d_4$ : Durchmesser der getriebenen Scheiben
$n_1; n_3$ : Umdrehungsfrequenz der treibenden Scheiben
$n_2; n_4$ : Umdrehungsfrequenz der getriebenen Scheiben
$n_A$ : Anfangsumdrehungsfrequenz
$n_E$ : Endumdrehungsfrequenz
$i_1; i_2$ : Teilübersetzungsverhältnisse
$i_{ges}$ : Gesamtübersetzungsverhältnisse

### Zahnradgetriebe, einfache Übersetzung

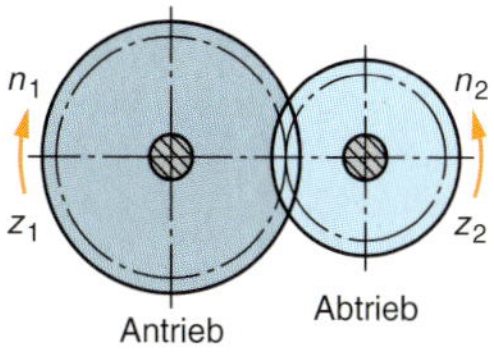


$$z_1 \cdot n_1 = z_2 \cdot n_2$$
$$i = \frac{n_1}{n_2} = \frac{z_2}{z_1}$$

$$n_1 = \frac{z_2 \cdot n_2}{z_1} \qquad n_2 = \frac{z_1 \cdot n_1}{z_2}$$

$$z_1 = \frac{z_2 \cdot n_2}{n_1} \qquad z_2 = \frac{z_1 \cdot n_1}{n_2}$$

$z_1$ : Zähnezahl des treibenden Rades
$z_2$ : Zähnezahl des getriebenen Rades
$n_1$ : Umdrehungsfrequenz des treibenden Rades
$n_2$ : Umdrehungsfrequenz des getriebenen Rades
$i$ : Übersetzungsverhältnis

## Getriebe

### Zahnradgetriebe, doppelte Übersetzung

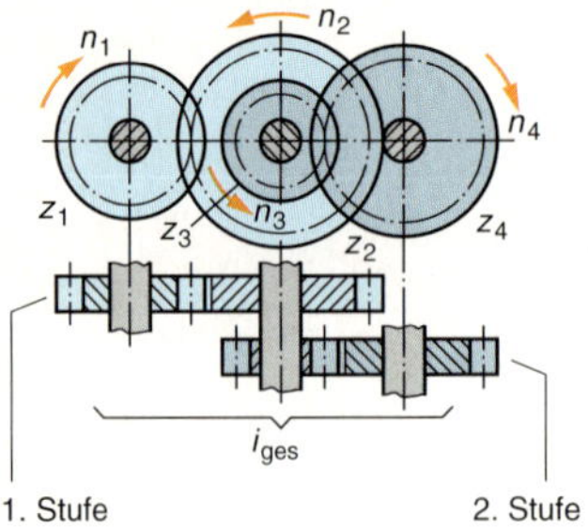


$$n_1 \cdot z_1 \cdot z_3 = n_4 \cdot z_2 \cdot z_4$$

$$n_A \cdot z_1 \cdot z_3 \cdot \ldots = n_E \cdot z_2 \cdot z_4 \cdot \ldots$$

$$i_{ges} = i_1 \cdot i_2 = \frac{n_1}{n_2} \cdot \frac{n_3}{n_4} = \frac{n_1}{n_4}$$

$$i_{ges} = i_1 \cdot i_2 = \frac{z_2 \cdot z_4}{z_1 \cdot z_3}$$

$$i_{ges} = \frac{n_A}{n_E} = \frac{z_2 \cdot z_4 \cdot z_6 \cdot \ldots}{z_1 \cdot z_3 \cdot z_5 \cdot \ldots}$$

- $z_1; z_3$ : Zähnezahl der treibenden Räder
- $z_2; z_4$ : Zähnezahl der getriebenen Räder
- $n_1; n_3$ : Umdrehungsfrequenz der treibenden Räder
- $n_2; n_4$ : Umdrehungsfrequenz der getriebenen Räder
- $n_A$ : Anfangsumdrehungsfrequenz
- $n_E$ : Endumdrehungsfrequenz
- $i_1; i_2$ : Teilübersetzungsverhältnisse
- $i_{ges}$ : Gesamtübersetzungsverhältnisse

### Schneckengetriebe

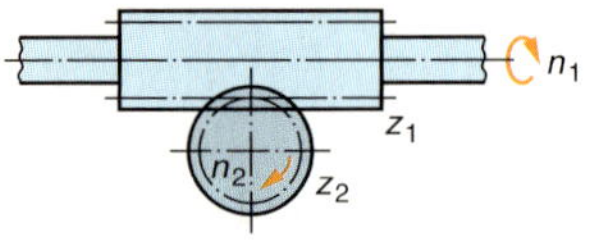


$$z_1 \cdot n_1 = z_2 \cdot n_2$$

$$i = \frac{n_1}{n_2} = \frac{z_2}{z_1}$$

- $z_1$ : Gangzahl (Zähnezahl) der Schnecke
- $z_2$ : Zähnezahl des Schneckenrades
- $n_1$ : Umdrehungsfrequenz der Schnecke
- $n_2$ : Umdrehungsfrequenz des Schneckenrades
- $i$ : Übersetzungsverhältnis

### Zahnstangengetriebe

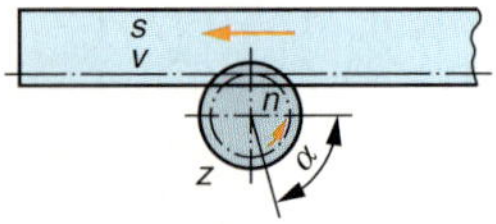


$$s = d \cdot \pi$$

$$s = m \cdot z \cdot \pi$$

$$s = \frac{m \cdot z \cdot \pi \cdot \alpha}{360°}$$

$$v = m \cdot z \cdot \pi \cdot n$$

- $s$ : Verschiebeweg der Zahnstange
- $v$ : Verschiebegeschwindigkeit der Zahnstange
- $d$ : Teilkreisdurchmesser
- $m$ : Modul
- $z$ : Zähnezahl
- $n$ : Umdrehungsfrequenz
- $\alpha$ : Verdrehwinkel
- $\pi$ : 3,14159…

## Arbeit, Energie

### Arbeit, Energie (allgemein)

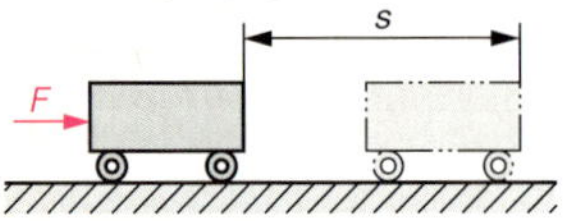


$$W = F \cdot s$$

$$E = F \cdot s$$

$$F = \frac{W}{s} \qquad s = \frac{W}{F}$$

- $W$ : Arbeit
- $E$ : Energie
- $F$ : Kraft
- $s$ : Weg

### Hubarbeit; potenzielle Energie (geradlinige Bewegung)

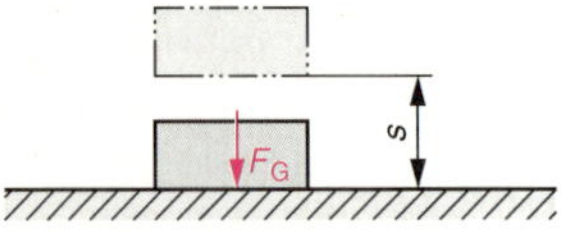


$$W_H = F_G \cdot s$$

$$E_{pot} = F_G \cdot s$$

$$F_G = m \cdot g$$

- $W_H$ : Hubarbeit
- $E_{pot}$ : potenzielle Energie
- $F_G$ : Gewichtskraft
- $s$ : Weg
- $m$ : Masse
- $g$ : Fallbeschleunigung

### Rotationsarbeit; Rotationsenergie (kreisförmige Bewegung)

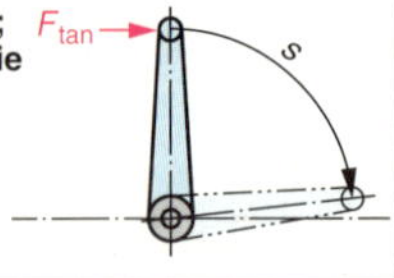


$$W_r = F_{tan} \cdot s$$

$$E_r = F_{tan} \cdot s$$

$$F_{tan} = \frac{W_r}{s} \qquad s = \frac{W_r}{F_{tan}}$$

- $W_r$ : Rotationsarbeit
- $E_r$ : Rotationsenergie
- $F_{tan}$ : Tangentialkraft
- $s$ : Weg

## Arbeit, Energie

### Beschleunigungsarbeit; kinetische Energie (geradlinige Bewegung)

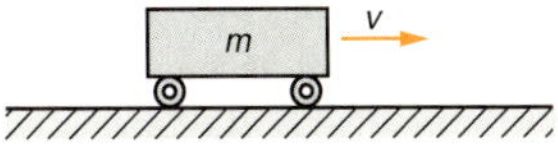


$$W_B = \frac{m}{2} \cdot v^2$$

$$E_k = \frac{m}{2} \cdot v^2$$

$W_B$ : Beschleunigungsarbeit
$E_k$ : kinetische Energie
$m$ : Masse
$v$ : Geschwindigkeit

### Beschleunigungsarbeit; kinetische Energie (kreisförmige Bewegung)

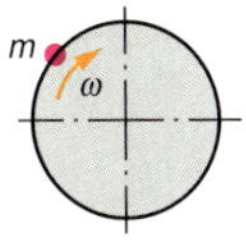


$$W_B = \frac{J}{2} \cdot \omega^2$$

$$E_{kin} = \frac{J}{2} \cdot \omega^2$$

$W_B$ : Beschleunigungsarbeit
$E_{kin}$ : kinetische Energie
$J$ : Massenmoment 2. Grades
$\omega$ : Winkelgeschwindigkeit

### Federarbeit; Spannenergie

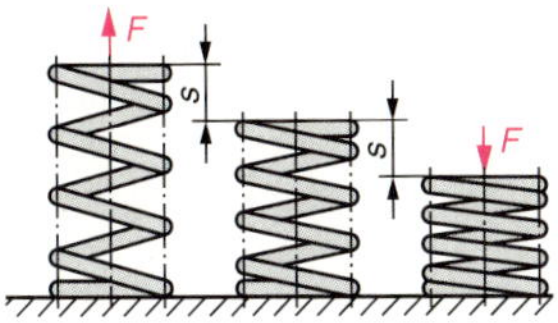


$$W_F = \frac{R}{2} \cdot s^2$$

$$E_s = \frac{R}{2} \cdot s^2$$

$$R = \frac{F}{2}$$

$$s = \sqrt{\frac{2 \cdot W_F}{R}}$$

$$s = \frac{F}{R}$$

$W_F$ : Federarbeit
$E_s$ : Spannenergie
$F$ : Federkraft
$R$ : Federrate
$s$ : Federweg

### Reibungsarbeit; Wärmeenergie

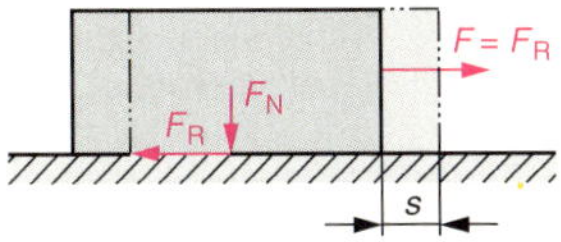


$$W_R = F_R \cdot s$$

$$Q = F_R \cdot s$$

$$F_R = \mu \cdot F_N$$

$W_R$ : Reibungsarbeit
$Q$ : Wärmeenergie
$F$ : Kraft
$F_R$ : Reibungskraft
$F_N$ : Normalkraft
$s$ : Weg
$\mu$ : Gleitreibungszahl

### Wirkungsgrad

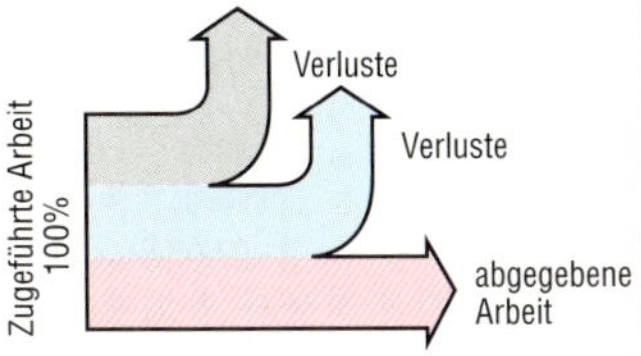


$$\eta = \frac{W_{exi}}{W_{ing}} < 1$$

$$\eta = \eta_1 \cdot \eta_2 \cdot \eta_3 \cdot \ldots$$

$$W_{exi} = \eta \cdot W_{ing} \qquad W_{ing} = \frac{W_{exi}}{\eta}$$

$\eta$ : Wirkungsgrad
$\eta_1$ : Teilwirkungsgrad
$W_{exi}$ : abgegebene Arbeit
$W_{ing}$ : zugeführte Arbeit

## Leistung

### Leistung (allgemein)

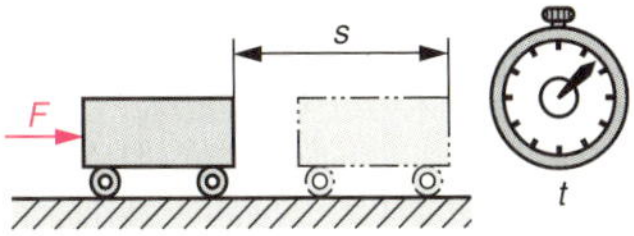


$$P = \frac{W}{t}$$

$$P = \frac{F \cdot s}{t}$$

$$P = F \cdot v$$

$$F = \frac{P \cdot t}{s}$$

$$s = \frac{P \cdot t}{F}$$

$$t = \frac{F \cdot s}{P}$$

$P$ : Leistung
$W$ : Arbeit
$s$ : Weg
$t$ : Zeit
$v$ : Geschwindigkeit

## Leistung

### Hubleistung

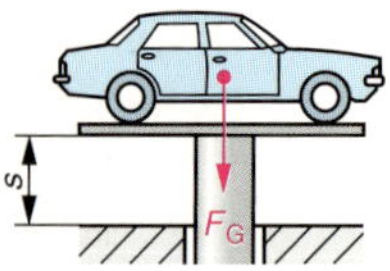


$$P = F_G \cdot v \qquad P = \frac{F_G \cdot s}{t} \qquad P = \frac{m \cdot g \cdot s}{t}$$

$$F_G = \frac{P}{v} \qquad F_G = \frac{P \cdot t}{s} \qquad m = \frac{P \cdot t}{g \cdot s}$$

- $P$ : Leistung
- $F_G$: Gewichtskraft
- $v$ : Geschwindigkeit
- $s$ : Weg
- $t$ : Zeit
- $m$ : Masse
- $g$ : Fallbeschleunigung

### Zugleistung

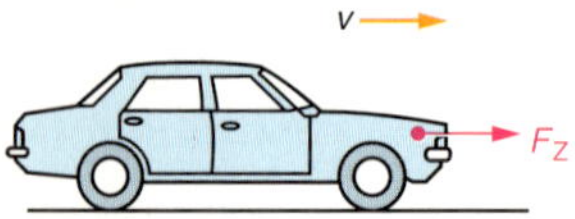


$$P = F_Z \cdot v \qquad P = \frac{F_Z \cdot s}{t}$$

$$F_Z = \frac{P}{v} \qquad v = \frac{P}{F_Z}$$

- $P$ : Leistung
- $F_Z$: Zugkraft
- $v$ : Geschwindigkeit
- $s$ : Weg
- $t$ : Zeit

### Getriebeleistung

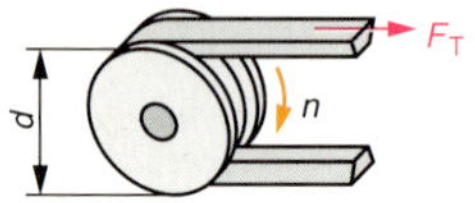


$$P = F_T \cdot v \qquad P = F_T \cdot d \cdot \pi \cdot n \qquad P = F_T \cdot 2 \cdot r \cdot \pi \cdot n \qquad P = M \cdot 2 \cdot \pi \cdot n \qquad P = M \cdot \omega$$

$$F_T = \frac{P}{2 \cdot r \cdot \pi \cdot n} \qquad n = \frac{P}{F_T \cdot 2 \cdot r \cdot \pi} \qquad M = \frac{P}{\omega}$$

- $P$ : Leistung
- $F_T$: Tangentialkraft
- $v$ : Geschwindigkeit
- $d$ : Durchmesser
- $r$ : Radius
- $n$ : Umdrehungsfrequenz
- $M$ : Kraftmoment
- $\omega$ : Winkelgeschwindigkeit
- $\pi$ : 3,14159…

### Schnittleistung

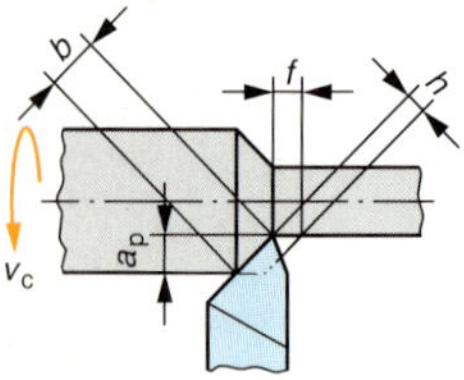


$$P = F_c \cdot v_c \qquad P = A \cdot k_c \cdot v_c \qquad P = a_p \cdot f \cdot k_c \cdot v_c \qquad P = b \cdot h \cdot k_c \cdot v_c$$

$$v_c = \frac{P}{A \cdot k_c} \qquad a_p = \frac{P}{f \cdot k_c \cdot v_c} \qquad f = \frac{P}{a_p \cdot k_c \cdot v_c}$$

$$F_c = \frac{P}{v_c}$$

- $P$ : Leistung
- $F_c$ : Schnittkraft
- $v_c$ : Schnittgeschwindigkeit
- $A$ : Spanungsquerschnitt
- $a_p$ : Schnitttiefe
- $f$ : Vorschub
- $b$ : Spanungsdicke
- $h$ : Spanungsbreite
- $k_c$ : spezifische Schnittkraft

### Pumpenleistung

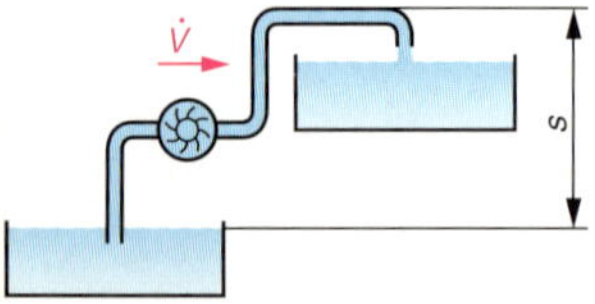


$$P = \dot{V} \cdot \varrho \cdot g \cdot s$$

$$\dot{V} = \frac{P}{\varrho \cdot g \cdot s} \qquad s = \frac{P}{\dot{V} \cdot \varrho \cdot g}$$

- $P$ : Leistung
- $\dot{V}$ : Volumenstrom [1]
- $\varrho$ : Dichte
- $g$ : Fallbeschleunigung
- $s$ : Förderhöhe

### Wirkungsgrad

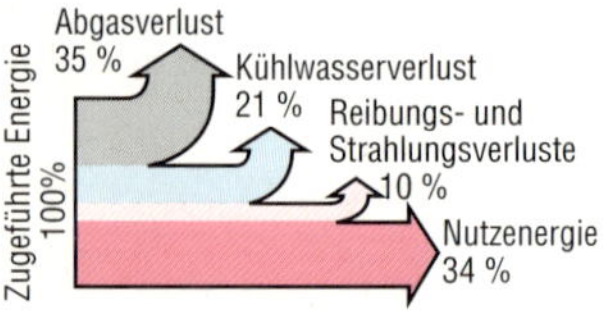


$$\eta = \frac{P_{exi}}{P_{ing}} < 1 \qquad \eta = \eta_1 \cdot \eta_2 \cdot \eta_3 \cdot \ldots$$

$$P_{exi} = \eta \cdot P_{ing} \qquad P_{ing} = \frac{P_{exi}}{\eta}$$

- $\eta$ : Wirkungsgrad
- $\eta_1$ : Teilwirkungsgrad
- $P_{exi}$ : abgegebene Leistung
- $P_{ing}$ : zugeführte Leistung

[1] Formelzeichen nach DIN 1304 - 1; ersatzweise auch $Q$

## Festigkeitslehre

| | | |
|---|---|---|
| **Zugbeanspruchung**<br>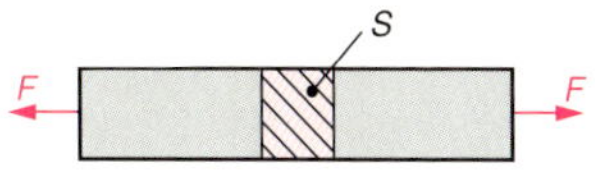 | $\sigma_z = \frac{F}{S}$    $\sigma_{z\,zul} = \frac{F}{S}$<br>$F = \sigma_z \cdot S$    $\sigma_{z\,zul} = \frac{\sigma_{z\,max}}{\nu}$<br>$S = \frac{F}{\sigma_z}$<br>$\sigma_{z\,max}$ kann sein: $R_m$; $R_e$; $R_{p\,0,2}$ | $\sigma_z$ : Zugspannung<br>$F$ : Zugkraft<br>$S$ : Querschnitt<br>$\sigma_{z\,zul}$ : zulässige Zugspannung<br>$\sigma_{z\,max}$ : maximale Zugspannung<br>$\nu$ : Sicherheitszahl |
| **Druckbeanspruchung**<br>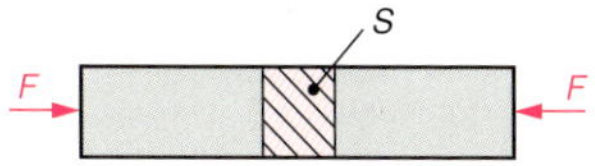 | $\sigma_d = \frac{F}{S}$    $\sigma_{d\,zul} = \frac{F}{S}$<br>$F = \sigma_d \cdot S$    $\sigma_{d\,zul} = \frac{\sigma_{d\,max}}{\nu}$<br>$S = \frac{F}{\sigma_d}$<br>$\sigma_{d\,max}$ kann sein: $\sigma_{dB}$; $\sigma_{dF}$; $\sigma_{d\,0,2}$ | $\sigma_d$ : Druckspannung<br>$F$ : Druckkraft<br>$S$ : Querschnitt<br>$\sigma_{d\,zul}$ : zulässige Druckspannung<br>$\sigma_{d\,max}$ : maximale Druckspannung<br>$\nu$ : Sicherheitszahl |
| **Scherbeanspruchung (belasteter Querschnitt darf nicht abgeschert werden)**<br>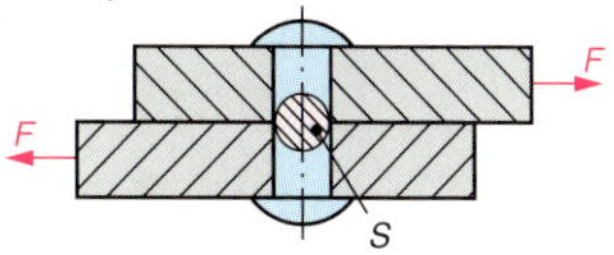 | $\tau_a = \frac{F}{S}$    $\tau_{a\,zul} = \frac{F}{S}$<br>$F = \tau_a \cdot S$    $\tau_{a\,zul} = \frac{\tau_{aB}}{\nu}$<br>$S = \frac{F}{\tau_a}$ | $\tau_a$ : Scherspannung<br>$F$ : Scherkraft<br>$S$ : Querschnitt<br>$\tau_{a\,zul}$ : zulässige Scherspannung<br>$\tau_{aB}$ : Scherfestigkeit |
| **Scherbeanspruchung (belasteter Querschnitt soll abgeschert werden)**<br>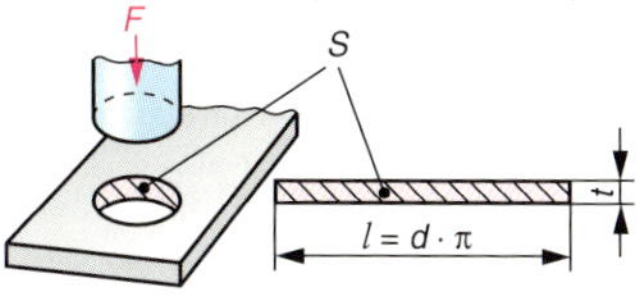 | $F = \tau_{aBmax} \cdot S$    $S = l \cdot t$<br>$S = \frac{F}{\tau_{aBmax}}$    $S = d \cdot \pi \cdot t$<br>Stahl:<br>$\tau_{aBmax} \approx 0{,}8 \cdot R_{m\,max}$<br>Gusseisen:<br>$\tau_{aBmax} \approx 1{,}1 \cdot R_{m\,max}$ | $F$ : Scherkraft, Schneidkraft<br>$\tau_{aBmax}$ : max. Scherfestigkeit<br>$S$ : Scherfläche<br>$l$ : Scherlänge<br>$t$ : Werkstückdicke<br>$R_{m\,max}$ : max. Mindestzugfestigkeit |
| **Flächenpressung**<br>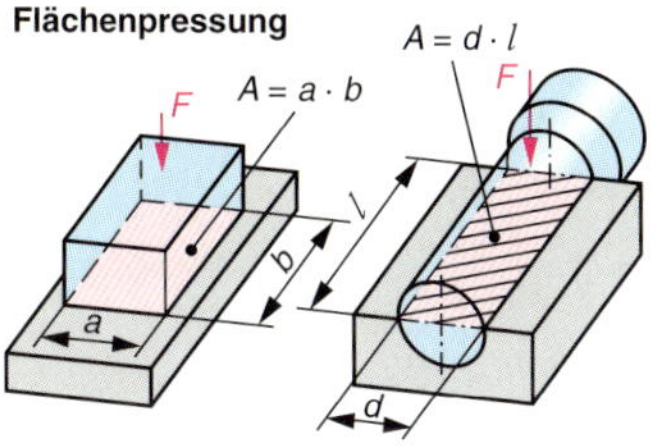 | $p = \frac{F}{A}$    $p_{zul} = \frac{F}{A}$<br>$F = p \cdot A$<br>$A = \frac{F}{p}$ | $p$ : Flächenpressung<br>$F$ : Kraft<br>$A$ : Berührungsfläche; Projektion der Berührungsfläche<br>$p_{zul}$ : zulässige Flächenpressung<br>$F_{zul}$ : zulässige Kraft |
| **Biegung**<br>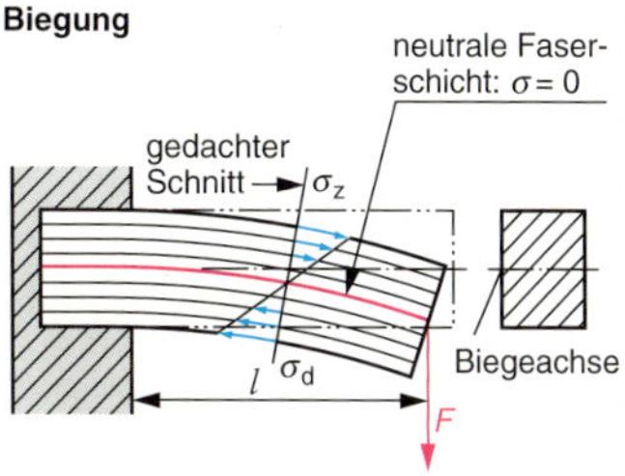 | $\sigma_b = \frac{M_b}{W}$    $\sigma_{b\,zul} = \frac{M_b}{W}$<br>$M_b = \sigma_b \cdot W$    $\sigma_{b\,zul} = \frac{\sigma_{b\,max}}{\nu}$<br>$W = \frac{M_b}{\sigma_b}$<br>$\sigma_{b\,max}$ kann sein: $\sigma_{dB}$; $\sigma_{dF}$ | $\sigma_b$ : Biegespannung<br>$M_b$ : Biegemoment<br>$W$ : axiales Widerstandsmoment<br>$F$ : Kraft<br>$l$ : Hebellänge<br>$\sigma_{b\,zul}$ : zulässige Biegespannung<br>$\sigma_{b\,max}$ : maximale Biegespannung<br>$\nu$ : Sicherheitszahl |

## Druck in Flüssigkeiten und Gasen

### Absoluter Druck, Luftdruck, Überdruck

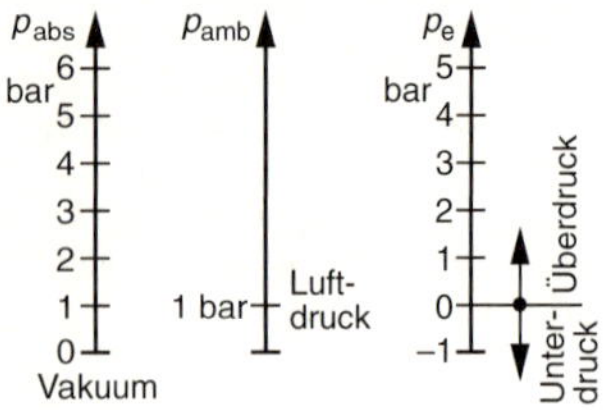


$$p_{abs} = p_{amb} + p_e$$

$$p_e = p_{abs} - p_{amb}$$

$p_{abs} > p_{amb} \Rightarrow$ Überdruck

$p_{abs} < p_{amb} \Rightarrow$ Unterdruck

$p_{abs}$ : absoluter Druck (bezogen auf Vakuum)

$p_{amb}$ : ambienter Druck = Luftdruck = Umgebungsdruck = 1,01325 bar ≈ 1 bar

$p_e$ : Überdruck (Betriebsdruck) = Differenzdruck = atmosphärische Druckdifferenz

### Druck

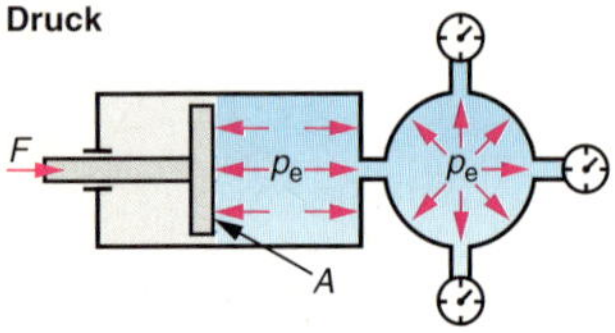


$$p_e = \frac{F}{A}$$

$$F = p_e \cdot A$$

$$A = \frac{F}{p_e}$$

$p_e$ : Überdruck (Betriebsdruck)

$F$ : Kraft

$A$ : wirksame Kolbenfläche

### Hydrostatischer Druck

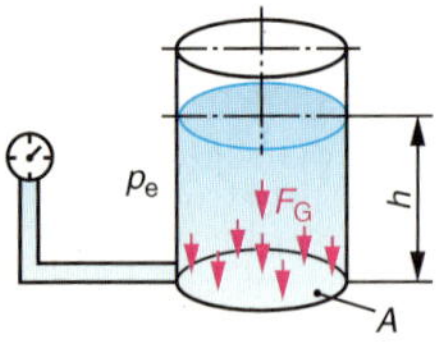


$$p_e = h \cdot \varrho \cdot g$$

$$p_e = \frac{F_G}{A} \qquad h = \frac{p_e}{\varrho \cdot g}$$

$$p_e = \frac{A \cdot h \cdot \varrho \cdot g}{A} \qquad \varrho = \frac{p_e}{h \cdot g}$$

$p_e$ : hydrostatischer Druck (= Boden- oder Seitendruck)

$F_G$ : Gewichtskraft

$A$ : Fläche

$h$ : Höhe der Flüssigkeitssäule

$\varrho$ : Dichte der Flüssigkeit

$g$ : Fallbeschleunigung

### Auftrieb

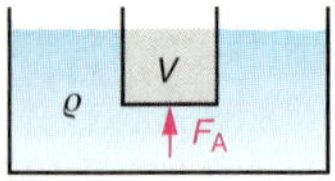


$$F_A = V \cdot \varrho \cdot g$$

$$V = \frac{F_A}{\varrho \cdot g}$$

$$\varrho = \frac{F_A}{V \cdot g}$$

$F_A$ : Auftriebskraft

$V$ : eingetauchtes (verdrängtes) Volumen

$\varrho$ : Dichte der Flüssigkeit

$g$ : Fallbeschleunigung

### Zustandsänderung von Gasen

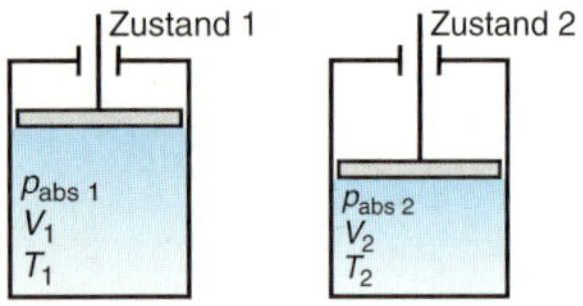


Allgemeine Gasgleichung:

$$\frac{p_{abs\,1} \cdot V_1}{T_1} = \frac{p_{abs\,2} \cdot V_2}{T_2} = \ldots = \frac{p_{abs\,n} \cdot V_n}{T_n}$$

Gesetz von Boyle-Mariotte ($T$ = konstant):

$$p_{abs\,1} \cdot V_1 = p_{abs\,2} \cdot V_2 = \ldots = p_{abs\,n} \cdot V_n = \text{konstant}$$

$p_{abs}$ : absoluter Druck

$V$ : Volumen

$T$ : Kelvin-Temperatur

### Hydraulische Presse

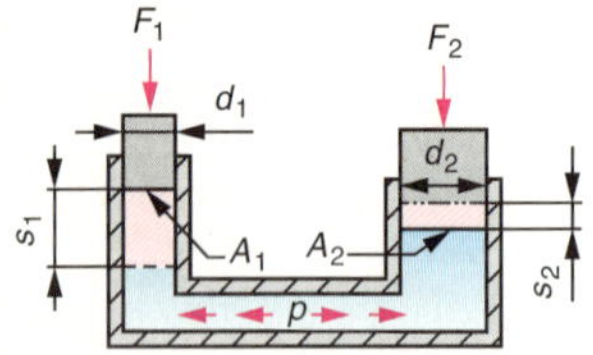


$$\frac{F_1}{F_2} = \frac{A_1}{A_2} \qquad \frac{F_1}{F_2} = \frac{(d_1)^2}{(d_2)^2}$$

$$\frac{F_1}{F_2} = \frac{s_2}{s_1} \qquad i = \frac{F_1}{F_2} = \frac{A_1}{A_2} = \frac{s_2}{s_1}$$

$F_1$ : Kolbenkraft 1

$F_2$ : Kolbenkraft 2

$A_1$ : Kolbenfläche 1

$A_2$ : Kolbenfläche 2

$d_1$ : Kolbendurchmesser 1

$d_2$ : Kolbendurchmesser 2

$s_1$ : Weg des Kolbens 1

$s_2$ : Weg des Kolbens 2

$i$ : Übersetzungsverhältnis

## Druck in Flüssigkeiten und Gasen

### Kolbenkraft, Kolbengeschwindigkeit

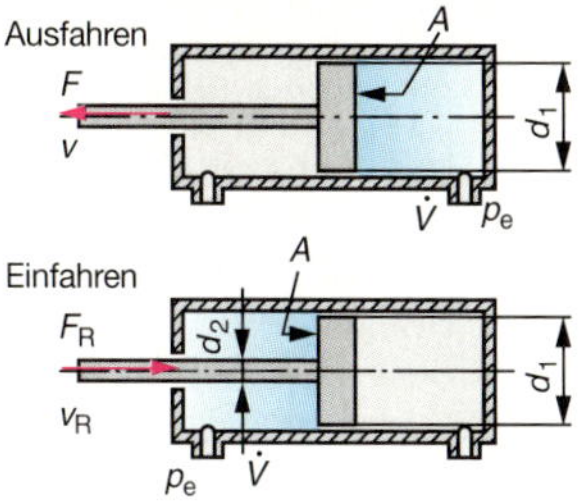


$$F = p_e \cdot A \cdot \eta \qquad v = \frac{\dot{V}}{A}$$

$$A = \frac{d_1^2 \cdot \pi}{4}$$

$$F_R = p_e \cdot A \cdot \eta \qquad v_R = \frac{\dot{V}}{A}$$

$$A = \frac{(d_1^2 - d_2^2) \cdot \pi}{4}$$

- $F$ : Kolbenkraft
- $F_R$ : Rückzugkraft
- $p_e$ : Überdruck (Betriebsdruck)
- $A$ : wirksame Kolbenfläche
- $d_1$ : Kolbendurchmesser
- $v$ : Kolbengeschwindigkeit
- $v_R$ : Rückzuggeschwindigkeit
- $d_2$ : Kolbenstangendurchmesser
- $\eta$ : Wirkungsgrad
- $\dot{V}$ : Volumenstrom [1)]

### Druckübersetzung

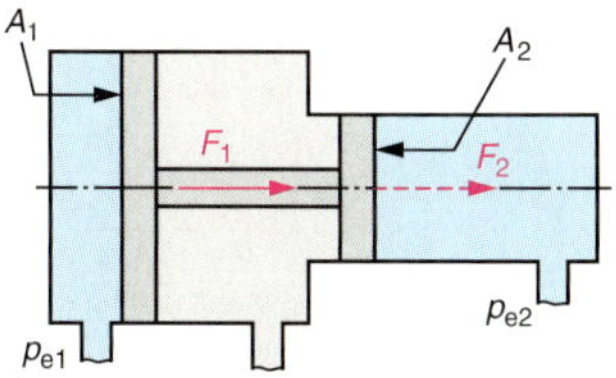


$$p_{e1} \cdot A_1 \cdot \eta = p_{e2} \cdot A_2$$

$$p_{e2} = \frac{p_{e1} \cdot A_1 \cdot \eta}{A_2}$$

$$i = \frac{p_{e1}}{p_{e2}} = \frac{A_2}{A_1}$$

- $p_e$ : Überdruck (Betriebsdruck)
- $A_1; A_2$ : wirksame Kolbenflächen
- $F$ : Kolbenkraft
- $i$ : Übersetzungsverhältnis
- $\eta$ : Wirkungsgrad

### Hydraulische Leistung

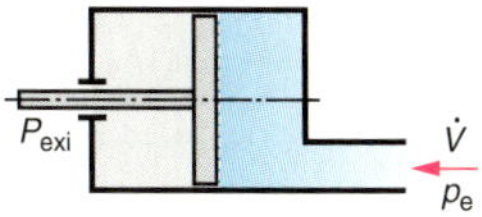


$$P_{exi} = P_{ing} \cdot \eta$$

$$P_{exi} = \dot{V} \cdot p_e \cdot \eta$$

- $P_{exi}$ : Ausgangsleistung
- $P_{ing}$ : Eingangsleistung
- $\eta$ : Wirkungsgrad
- $p_e$ : Überdruck (Betriebsdruck)
- $\dot{V}$ : Volumenstrom [1)]

### Strömende Flüssigkeiten

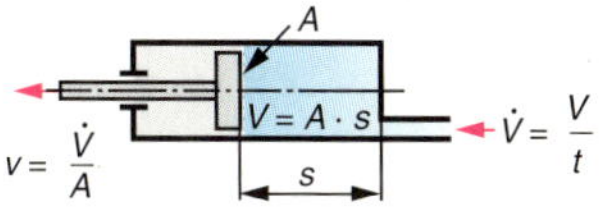


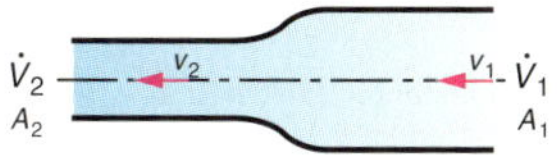


$$\dot{V} = \frac{A \cdot s}{t} \qquad \dot{V} = A \cdot v$$

$$\dot{V} = \frac{V}{t} \qquad v = \frac{\dot{V}}{A}$$

Kontinuitätsgleichung:

$$A_1 \cdot v_1 = A_2 \cdot v_2$$

$$\dot{V}_1 = \dot{V}_2$$

- $\dot{V}$ : Volumenstrom [1)]
- $V$ : Volumen
- $A$ : wirksame Kolbenfläche
- $t$ : Zeit
- $s$ : Kolbenweg
- $v$ : Kolbengeschwindigkeit
- $\dot{V}_1; \dot{V}_2$ : Volumenströme [1)]
- $v_1; v_2$ : Strömungsgeschwindigkeiten
- $A_1; A_2$ : Rohrquerschnitte

### Luftverbrauch

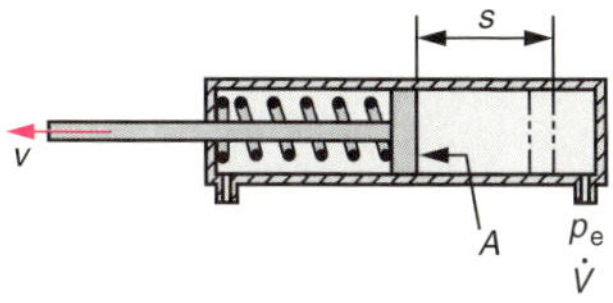


$$\dot{V} = \frac{A \cdot s \cdot (p_e + p_{amb})}{t \cdot p_{amb}}$$

$$\dot{V} = \frac{V \cdot (p_e + p_{amb})}{t \cdot p_{amb}}$$

$$\dot{V} = V \cdot n \cdot \frac{p_e + p_{amb}}{p_{amb}}$$

- $\dot{V}$ : Luftverbrauch
- $A$ : Kolbenfläche
- $s$ : Kolbenhub
- $t$ : Zeit
- $p_e$ : Überdruck (Betriebsdruck)
- $p_{amb}$ : Luftdruck
- $V$ : Hubvolumen
- $n$ : Hubfrequenz
- $v$ : Geschwindigkeit

[1)] Formelzeichen nach DIN 1304 - 1; ersatzweise auch $Q$

## Wärmetechnik

### Temperaturskalen

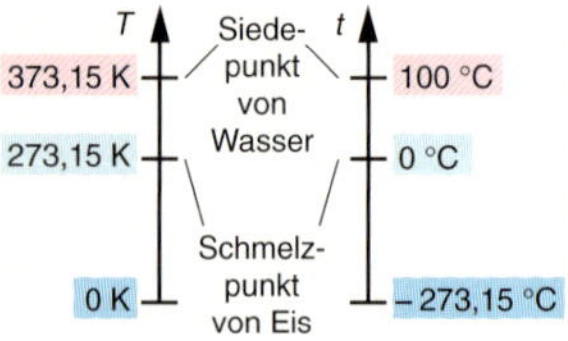


$$T = t + 273{,}15\ °\mathrm{C}$$
$$t = T - 273{,}15\ \mathrm{K}$$

0 K = – 273,15 °C (= absoluter Nullpunkt)

273,15 K = 0 °C

373,15 K = 100 °C

$T$ : Kelvin-Temperatur (thermodynamische Temperatur)

$t$ : Celsius-Temperatur

### Längenausdehnung

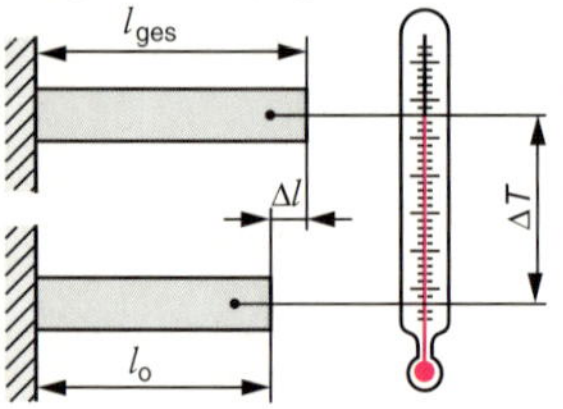


$$\Delta l = l_0 \cdot \alpha \cdot \Delta T$$
$$l_{ges} = l_0 + \Delta l$$
$$l_{ges} = l_0 \cdot (1 + \alpha \cdot \Delta T)$$

Erwärmung $\Delta T > 0$ Abkühlung: $\Delta T < 0$

$l_0$ : Anfangslänge

$l_{ges}$ : Endlänge

$\Delta l$ : Längenänderung

$\alpha$ : Längenausdehnungskoeffizient

$\Delta T$ : Temperaturdifferenz

### Volumenausdehnung

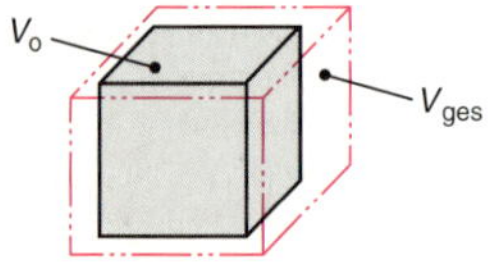


$$\Delta V = V_0 \cdot \gamma \cdot \Delta T$$
$$V_{ges} = V_0 + \Delta V$$
$$V_{ges} = V_0 \cdot (1 + \gamma \cdot \Delta T)$$

$\gamma \approx 3 \cdot \alpha$ (für feste Stoffe)

Erwärmung $\Delta T > 0$ Abkühlung: $\Delta T < 0$

$V_0$ : Anfangsvolumen

$V_{ges}$ : Endvolumen

$\Delta V$ : Volumenänderung

$\Delta T$ : Temperaturdifferenz

$\gamma$ : Volumenausdehnungskoeffizient

$\alpha$ : Längenausdehnungskoeffizient

### Schwindung

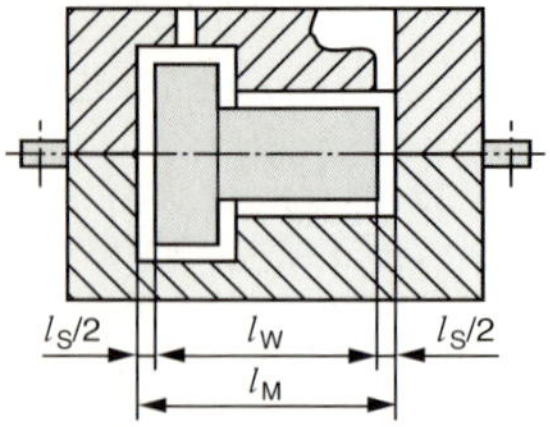


$$l_M = \frac{l_W \cdot 100\ \%}{100\% - S}$$
$$l_W = l_M - l_s$$
$$l_s = \frac{l_M \cdot S}{100\ \%}$$

$l_M$ : Modelllänge

$l_W$ : Werkstücklänge

$l_s$ : Schwindung

$S$ : Schwindmaß

### Wärmeenergie

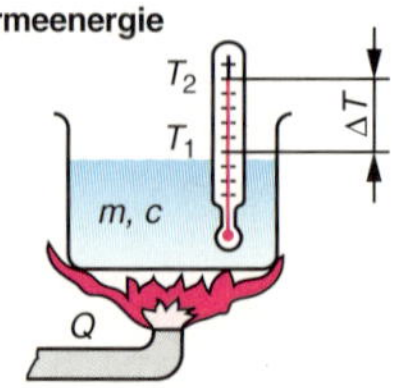


$$Q = m \cdot c \cdot \Delta T$$
$$m = \frac{Q}{c \cdot \Delta T}$$
$$\Delta T = \frac{Q}{m \cdot c}$$

$Q$ : Wärmemenge

$m$ : Masse

$c$ : spezifische Wärmekapazität

$\Delta T$: Temperaturdifferenz

### Schmelz- und Verdampfungswärmeenergie

Schmelzen: $Q_s = m \cdot q$

Verdampfen: $Q_v = m \cdot r$

$Q_s$ : Schmelzwärmeenergie

$Q_v$ : Verdampfungswärmemenge

$m$ : Masse

$q$ : spezifische Schmelzwärme

$r$ : spezifische Verdampfungswärme

## Wärmetechnik

### Verbrennungsmenge

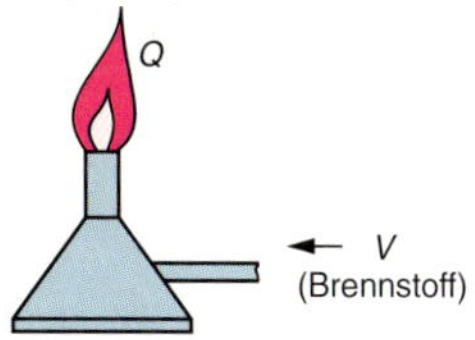


Feste und flüssige Brennstoffe:

$$Q = m \cdot H$$

Gasförmige Brennstoffe:

$$Q = V \cdot H$$

- $Q$ : Verbrennungswärmemenge
- $m$ : Masse
- $H$ : spezifischer Heizwert
- $V$ : Volumen

### Wärmemenge aus elektrischer Arbeit

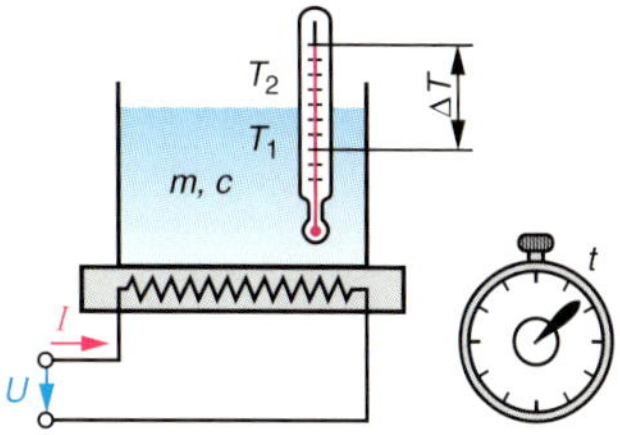


$$m \cdot c \cdot \Delta T = P \cdot t \cdot \eta$$

$$m \cdot c \cdot \Delta T = U \cdot I \cdot t \cdot \eta$$

$$Q = W$$

- $W$ : elektrische Arbeit
- $Q$ : Wärmemenge
- $P$ : elektrische Leistung
- $t$ : Aufheizzeit
- $m$ : Masse
- $c$ : spez. Wärmekapazität
- $T$ : Temperaturdifferenz
- $U$ : Spannung
- $I$ : Stromstärke
- $\eta$ : Wirkungsgrad

### Wärmemengenaustausch

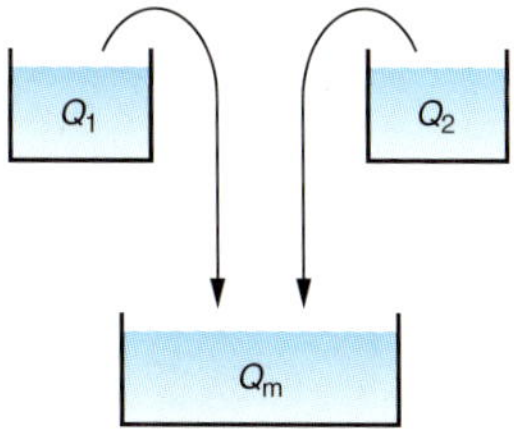


Stoffe unterschiedlicher Wärmekapazität:

$$T_m = \frac{m_1 \cdot c_1 \cdot T_1 + m_2 \cdot c_2 \cdot T_2}{m_1 \cdot c_1 + m_2 \cdot c_2}$$

Stoffe gleicher Wärmekapazität:

$$T_m = \frac{m_1 \cdot T_1 + m_2 \cdot T_2}{m_1 + m_2}$$

$$Q_m = Q_1 + Q_2$$

- $Q_1$ : Wärmemenge 1
- $Q_2$ : Wärmemenge 2
- $Q_m$ : Mischungswärmemenge
- $m_1$ : Masse 1
- $m_2$ : Masse 2
- $c_1$ : spez. Wärmekapazität 1
- $c_2$ : spez. Wärmekapazität 2
- $T_1$ : Temperatur 1
- $T_2$ : Temperatur 2
- $T_m$ : Mischungstemperatur

### Wärmestrom

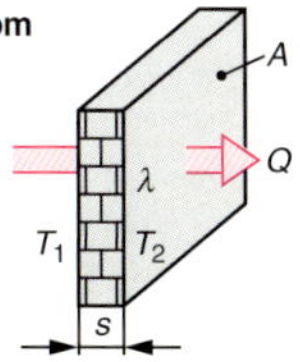


$$Q = A \cdot k \cdot \Delta T$$

$$Q = \frac{A \cdot \lambda \cdot (T_1 - T_2)}{t}$$

$$\frac{\lambda}{t} = k$$

- $Q$ : Wärmestrom
- $A$ : Fläche
- $t$ : Dicke
- $\Delta T$ : Temperaturdifferenz $(T_1 - T_2)$
- $\lambda$ : Wärmeleitzahl (Wärmeleitfähigkeit)
- $k$ : Wärmedurchgangszahl

## Elektrotechnik

### Ohmsches Gesetz

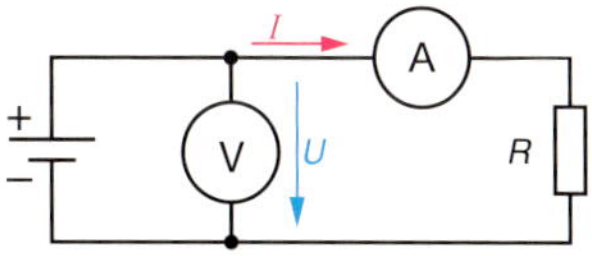


$$I = \frac{U}{R}$$

$$U = I \cdot R$$

$$R = \frac{U}{I}$$

- $I$ : Stromstärke
- $U$ : Spannung
- $R$ : Widerstand

### Widerstand von Leitern

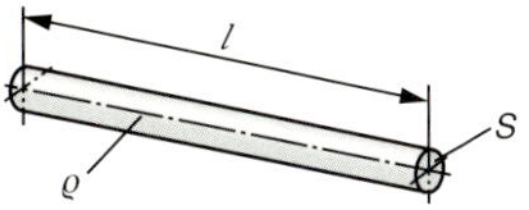


$$R = \frac{\varrho \cdot l}{S}$$

$$S = \frac{\varrho \cdot l}{R}$$

$$l = \frac{R \cdot S}{\varrho}$$

- $R$ : Widerstand
- $\varrho$ : spezifischer Widerstand
- $l$ : Leiterlänge
- $S$ : Leiterquerschnitt

## Reihenschaltung

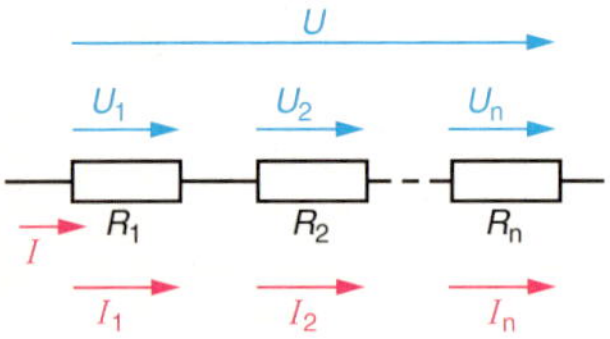


$$R = R_1 + R_2 + \ldots + R_n$$
$$U = U_1 + U_2 + \ldots + U_n$$
$$I = I_1 = I_2 = \ldots = I_n$$

$$\frac{U_1}{U_2} = \frac{R_1}{R_2} \quad \frac{U_1}{U_n} = \frac{R_1}{R_n} \quad \frac{U_1}{U} = \frac{R_1}{R} \quad \ldots$$

Durch alle Widerstände fließt derselbe Strom.

- $R$ : Gesamtwiderstand
- $R_1$ : Einzelwiderstand
- $U$ : Gesamtspannung
- $U_1 \ldots$ : Einzelspannungen
- $I$ : Gesamtstrom
- $I_1 \ldots$ : Teilströme

## Parallelschaltung

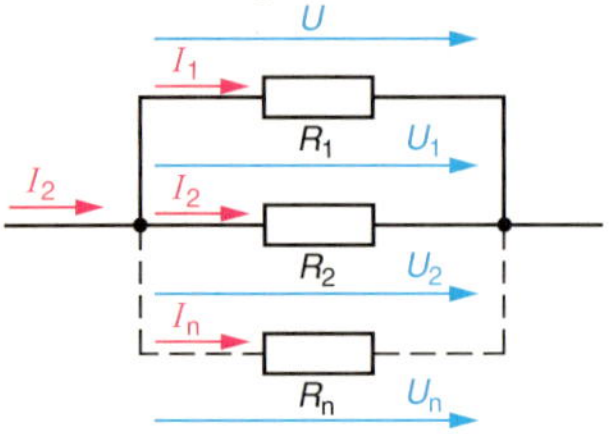


$$I = I_1 + I_2 + \ldots + I_n$$
$$U = U_1 = U_2 = \ldots = U_n$$
$$\frac{1}{R} = \frac{1}{R_1} + \frac{1}{R_2} + \ldots + \frac{1}{R_n}$$

$$\frac{I_1}{I_2} = \frac{R_2}{R_1} \quad \frac{I_1}{I_n} = \frac{R_n}{R_1} \quad \frac{I_1}{I} = \frac{R}{R_1} \quad \ldots$$

Alle Widerstände liegen an derselben Spannung.

- $I$ : Gesamtströme
- $I_1 \ldots$ : Teilströme
- $U$ : Gesamtspannung
- $U_1 \ldots$ : Teilspannungen
- $R$ : Gesamtwiderstand
- $R_1 \ldots$ : Teilwiderstände

## Transformator

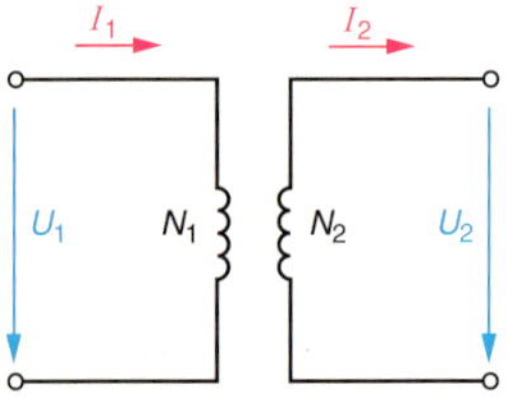


$$\frac{U_1}{U_2} = \frac{N_1}{N_2} = ü \qquad \frac{I_2}{I_1} = \frac{N_1}{N_2} = ü$$

$$S = U \cdot I$$
$$P = U \cdot I \cdot \cos \varphi$$

- $U_1$ : Primärspannung
- $U_2$ : Sekundärspannung
- $I_1$ : Primärstromstärke
- $I_2$ : Sekundärstromstärke
- $N_1$ : Primär-Windungszahl
- $N_2$ : Sekundär-Windungszahl
- $ü$ : Übersetzungsverhältnis
- $S$ : Scheinleistung
- $P$ : Wirkleistung
- $\cos \varphi$ : Leistungsfaktor

## Elektrische Arbeit

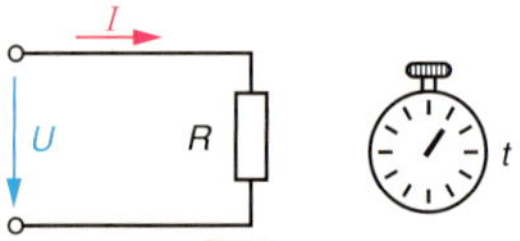


$$W = P \cdot t$$
$$W = U \cdot I \cdot t$$

- $W$ : elektrische Arbeit
- $U$ : Spannung
- $I$ : Stromstärke
- $t$ : Zeit
- $P$ : elektrische Leistung

## Elektrische Leistung bei ohmscher Belastung für Gleich- oder Wechselstrom

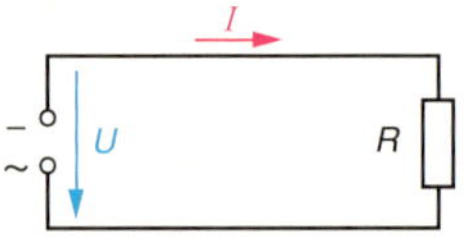


$$P = U \cdot I$$

$$P = I^2 \cdot R$$
$$P = \frac{U^2}{R}$$

- $P$ : elektrische Leistung
- $W$ : elektrische Arbeit
- $t$ : Zeit
- $U$ : Spannung
- $I$ : Stromstärke

## Elektrische Leistung bei ohmscher Belastung für Drehstrom

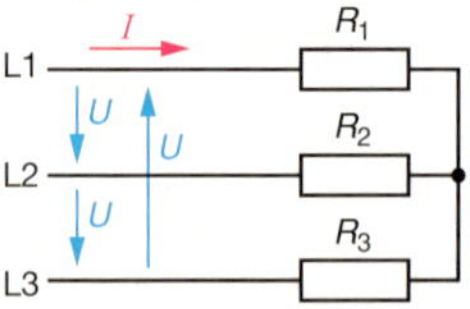


$$P = \sqrt{3} \cdot U \cdot I$$

- $P$ : elektrische Leistung
- $U$ : Spannung
- $I$ : Stromstärke

## Elektrische Leistung bei induktiver Belastung

**Wechselstrom**

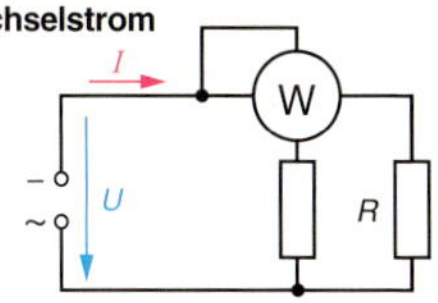


$$P = U \cdot I \cdot \cos \varphi$$

$$S = U \cdot I \qquad \cos \varphi = \frac{P}{S}$$

**Drehstrom (Sternschaltung)**

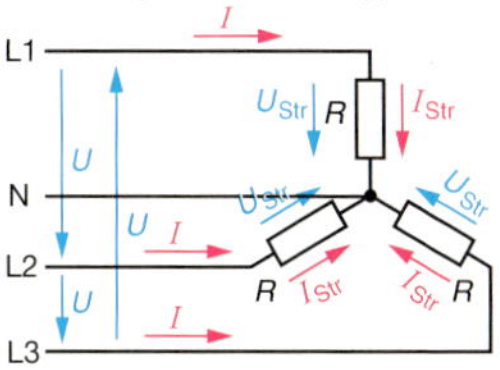


$$P = \sqrt{3} \cdot U \cdot I \cdot \cos \varphi$$

$$S = \sqrt{3} \cdot U \cdot I \qquad \cos \varphi = \frac{P}{S}$$

$$I = I_{Str} \qquad U = \sqrt{3} \cdot U_{Str}$$

**Drehstrom (Dreieckschaltung)**

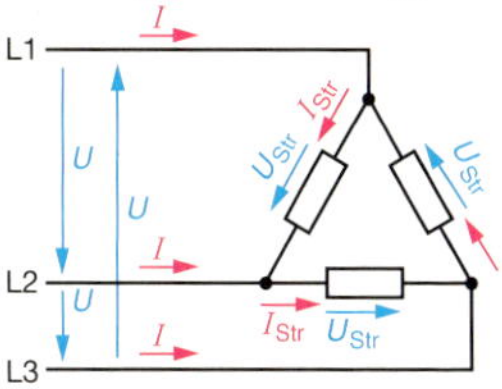


$$P = \sqrt{3} \cdot U \cdot I \cdot \cos \varphi$$

$$S = \sqrt{3} \cdot U \cdot I \qquad \cos \varphi = \frac{P}{S}$$

$$I = \sqrt{3} \cdot I_{Str} \qquad U = U_{Str}$$

- $P$ : Wirkleistung
- $S$ : Scheinleistung
- $U$ : Effektivwert der Spannung
- $I$ : Effektivwert der Stromstärke
- $U_{Str}$ : Strangspannung
- $I_{Str}$ : Strangstromstärke
- $\cos \varphi$ : Leistungsfaktor

## ISO-System für Grenzmaße

**Bohrungen**

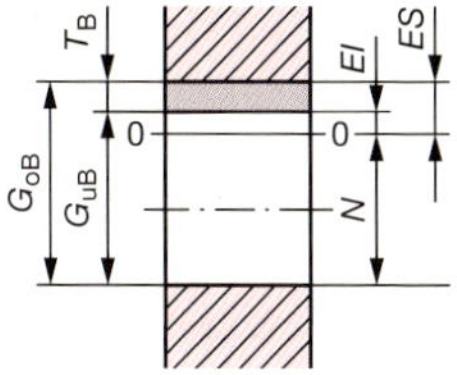


$$G_{oB} = N + ES$$

$$G_{uB} = N + EI$$

$$T_B = G_{oB} - G_{uB}$$

$$T_B = ES - EI$$

- $N$ : Nennmaß
- $G_{oB}$ : Höchstmaß Bohrung
- $G_{uB}$ : Mindestmaß Bohrung
- $ES$ : oberes Abmaß Bohrung
- $EI$ : unteres Abmaß Bohrung
- $T_B$ : Toleranz Bohrung

**Wellen**

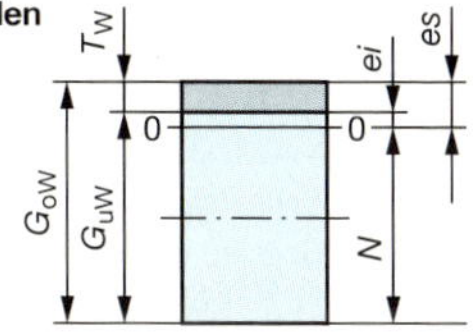


$$G_{oW} = N + es$$

$$G_{uW} = N + ei$$

$$T_W = G_{oW} - G_{uW}$$

$$T_W = es - ei$$

- $N$ : Nennmaß
- $G_{oW}$ : Höchstmaß Welle
- $G_{uW}$ : Mindestmaß Welle
- $es$ : oberes Abmaß Welle
- $ei$ : unteres Abmaß Welle
- $T_W$ : Toleranz Welle

## ISO-System für Passungen

**Spielpassung**

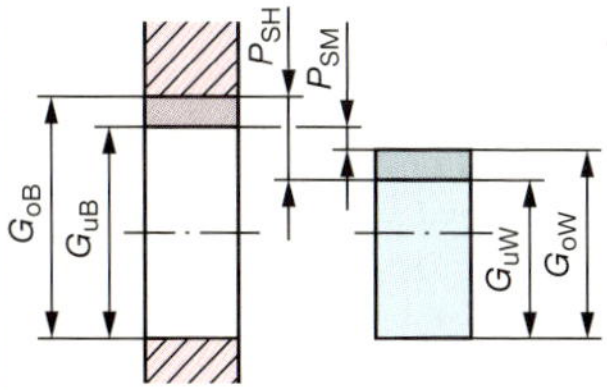


$$P_{SH} = G_{oB} - G_{uW}$$

$$P_{SM} = G_{uB} - G_{oW}$$

$$P_T = T_B + T_W$$

$$P_T = P_{SH} - P_{SM}$$

- $P_{SH}$ : Höchstspiel
- $P_{SM}$ : Mindestspiel
- $G_{oB}$ : Höchstmaß Bohrung
- $G_{uB}$ : Mindestmaß Bohrung
- $G_{oW}$ : Höchstmaß Welle
- $G_{uW}$ : Mindestmaß Welle
- $P_T$ : Passtoleranz
- $T_B$ : Toleranz Bohrung
- $T_W$ : Toleranz Welle

## ISO-System für Passungen

### Übermaß-Passung

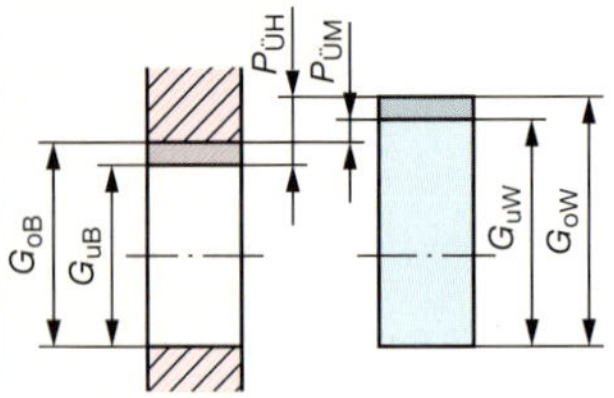


$$P_{ÜH} = G_{uB} - G_{oW}$$
$$P_{ÜM} = G_{oB} - G_{uW}$$
$$P_T = T_B + T_W$$
$$P_T = P_{ÜM} - P_{ÜH}$$

- $P_{ÜH}$ : Höchstübermaß
- $P_{ÜM}$ : Mindestübermaß
- $G_{oB}$ : Höchstmaß Bohrung
- $G_{uB}$ : Mindestmaß Bohrung
- $G_{oW}$ : Höchstmaß Welle
- $G_{uW}$ : Mindestmaß Welle
- $P_T$ : Passtoleranz
- $T_B$ : Toleranz Bohrung
- $T_W$ : Toleranz Welle

### Übergangspassung

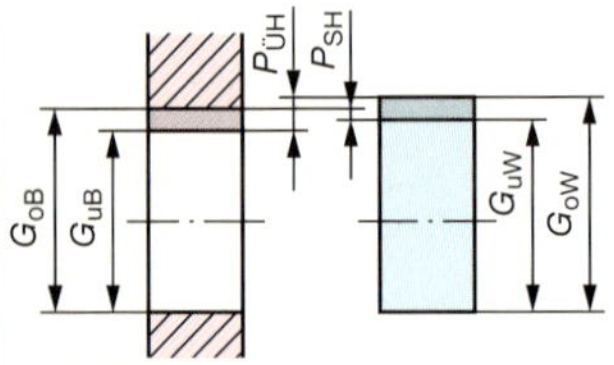


$$P_{SH} = G_{oB} - G_{uW}$$
$$P_{ÜH} = G_{uB} - G_{oW}$$
$$P_T = T_B + T_W$$
$$P_T = P_{SH} - P_{ÜH}$$

- $P_{SH}$ : Höchstspiel
- $P_{ÜH}$ : Höchstübermaß
- $G_{oB}$ : Höchstmaß Bohrung
- $G_{uB}$ : Mindestmaß Bohrung
- $G_{oW}$ : Höchstmaß Welle
- $G_{uW}$ : Mindestmaß Welle
- $P_T$ : Passtoleranz
- $T_B$ : Toleranz Bohrung
- $T_W$ : Toleranz Welle

## Umformen

### Zuschnittlänge für 90°-Biegungen
(gestreckte Länge)

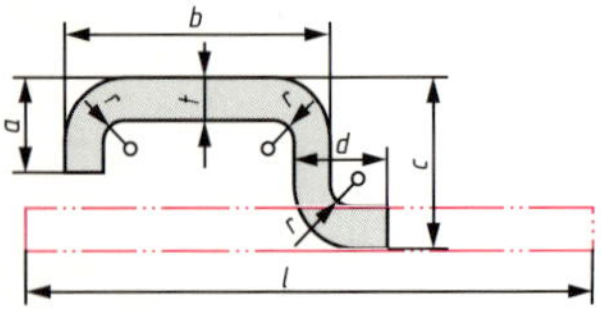


$$l = a + b + c + d + \ldots - n \cdot v$$

Ergebnis auf volle Millimeter aufrunden

- $l$ : Zuschnittlänge
- $a, b, c \ldots$ : Länge der Schenkel (Außenmaße)
- $r$ : Biegeradius (Innenmaß)
- $t$ : Blechdicke
- $n$ : Anzahl der Biegestellen
- $v$ : Ausgleichswert

### Zuschnittlänge für beliebige Biegewinkel
(gestreckte Länge)

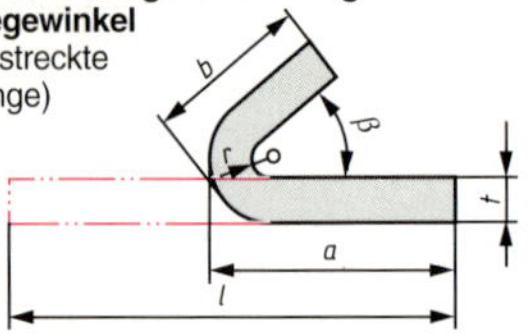


$$l = a + b - v$$

Ergebnis auf volle Millimeter aufrunden

- $l$ : Zuschnittlänge
- $a, b \ldots$ : Länge der Schenkel (Außenmaße)
- $v$ : Ausgleichswert
- $r$ : Biegeradius (Innenmaß)
- $t$ : Blechdicke
- $b$ : Öffnungswinkel
- $k$ : Korrekturfaktor

## Scherschneiden

### Schneidstempelmaß beim Ausschneiden

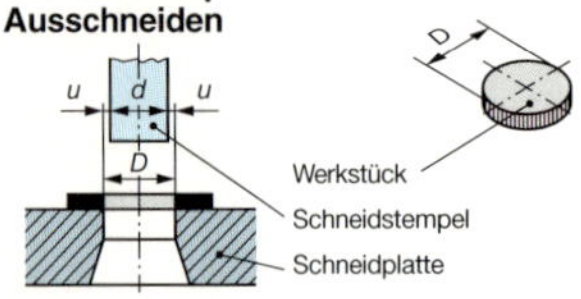


$$d = D - 2 \cdot u$$

- $d$ : Schneidstempelmaß
- $D$ : Sollmaß des Werkstücks (= Schneidplattenmaß)
- $u$ : Schneidspalt

### Schneidplattenmaß beim Lochen

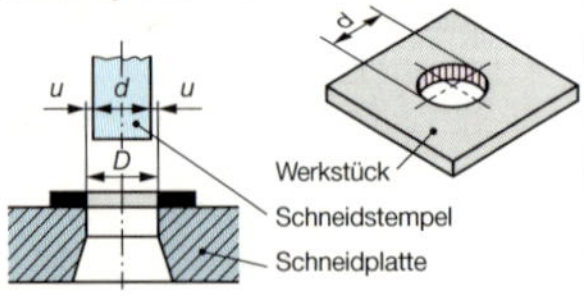


$$D = d + 2 \cdot u$$

- $D$ : Schneidplattenmaß
- $d$ : Sollmaß des Werkstücks (= Schneidplattenmaß)
- $u$ : Schneidspalt

## Scherschneiden

### Werkstoff-Ausnutzungsgrad ohne Seitenschneider

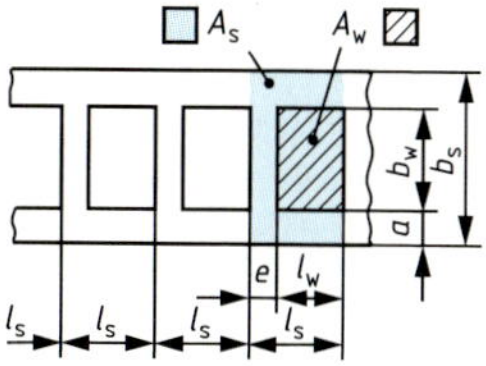


### Werkstoff-Ausnutzungsgrad mit Seitenschneider

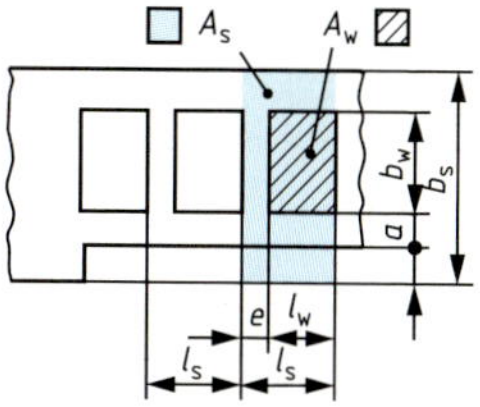


für Ausschnitte beliebiger Form:

$$\eta = \frac{A_w}{A_s}$$

für Ausschnitte mit rechteckiger Form:

$$\eta = \frac{l_w \cdot b_w}{l_s \cdot b_s}$$

$$l_s = l_w + e$$

ohne Seitenschneider
$$b_s = b_w + 2 \cdot a$$

mit Seitenschneider
$$b_s = b_w + 2 \cdot a + i$$

Lochungen und andere Innenformen innerhalb des Schnittteils werden bei der Berechnung des Werkstoff-Ausnutzungsgrades nicht berücksichtigt.

- $\eta$ : Werkstoff-Ausnutzungsgrad
- $A_w$ : Werkstückfläche
- $l_w$ : Werkstücklänge
- $b_w$ : Werkstückbreite
- $a$ : Randbreite
- $e$ : Stegbreite
- $i$ : Seitenschneiderbreite
- $A_s$ : benötigte Streifenfläche
- $l_s$ : benötigte Streifenlänge (= Vorschub)
- $b_s$ : benötigte Streifenbreite

## Kraft und Leistung beim Zerspanen

### Drehen

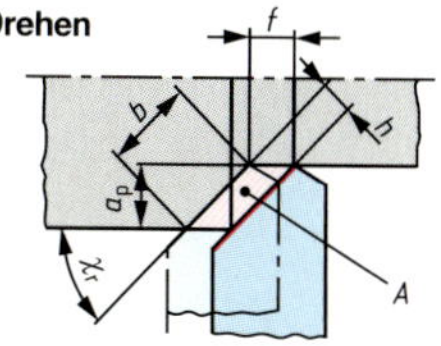


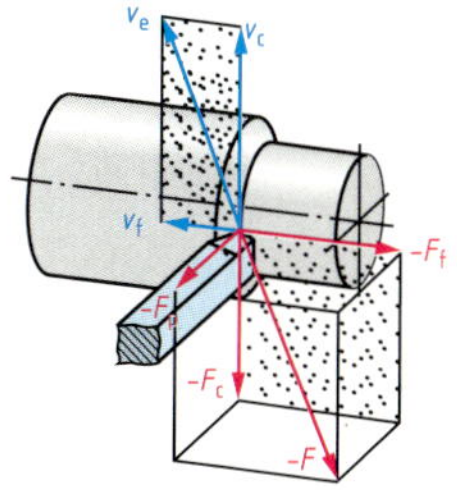


$$A = a_p \cdot f = b \cdot h$$

$$b = \frac{a_p}{\sin \varkappa_r} \qquad h = f \cdot \sin \varkappa_r$$

$$F_c = A \cdot k_c$$

$$F_c = b \cdot h^{(1-m_c)} \cdot k_{c1.1}$$

$$P_c = F_c \cdot v_c$$

$$Q = A \cdot v_c$$

$$v_c = d \cdot \pi \cdot n$$

$$v_f = f \cdot n$$

- $a_p$ : Schnitttiefe
- $f$ : Vorschub
- $b$ : Spanungsbreite
- $h$ : Spanungsdicke
- $\varkappa_r$ : Einstellwinkel
- $A$ : Spanungsquerschnitt
- $F_c$ : Schnittkraft
- $P_c$ : Schnittleistung
- $k_c$ : spezifische Schnittkraft
- $k_{c1.1}$ : Hauptwert der spezifischen Schnittkraft
- $m_c$ : Werkstoffkonstante
- $Q$ : Zeitspanungsvolumen
- $v_c$ : Schnittgeschwindigkeit
- $v_f$ : Vorschubgeschwindigkeit
- $d$ : Durchmesser
- $n$ : Umdrehungsfrequenz
- $\pi$ : 3,14159…

### Bohren

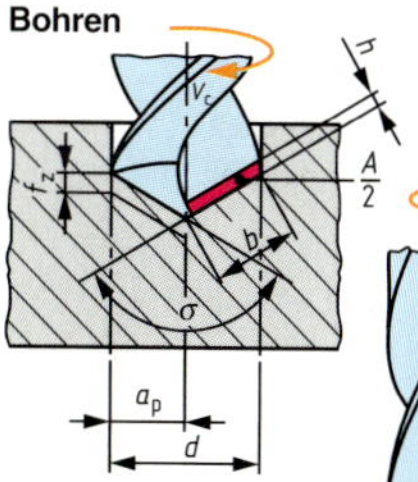


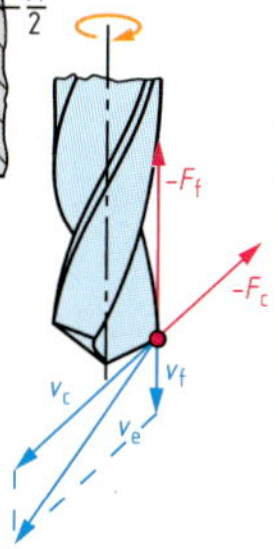


$$A = a_p \cdot f = 2 \cdot b \cdot h$$

$$b = \frac{a_p}{\sin \frac{\sigma}{2}} \qquad h = \frac{f}{2} \cdot \sin \frac{\sigma}{2}$$

$$F_c = A \cdot k_c$$

$$P_c = \frac{F_c \cdot v_c}{2}$$

$$Q = A \cdot v_c$$

$$v_c = d \cdot \pi \cdot n$$

$$v_f = f \cdot n$$

- $a_p$ : Schnitttiefe
- $f$ : Vorschub
- $b$ : Spanungsbreite
- $h$ : Spanungsdicke
- $\sigma$ : Spitzenwinkel
- $A$ : Spanungsquerschnitt
- $F_c$ : Schnittkraft
- $P_c$ : Schnittleistung
- $k_c$ : spezifische Schnittkraft
- $Q$ : Zeitspanungsvolumen
- $v_c$ : Schnittgeschwindigkeit
- $v_f$ : Vorschubgeschwindigkeit
- $d$ : Durchmesser
- $n$ : Umdrehungsfrequenz
- $\pi$ : 3,14159…

## Kraft und Leistung beim Zerspanen

### Fräsen

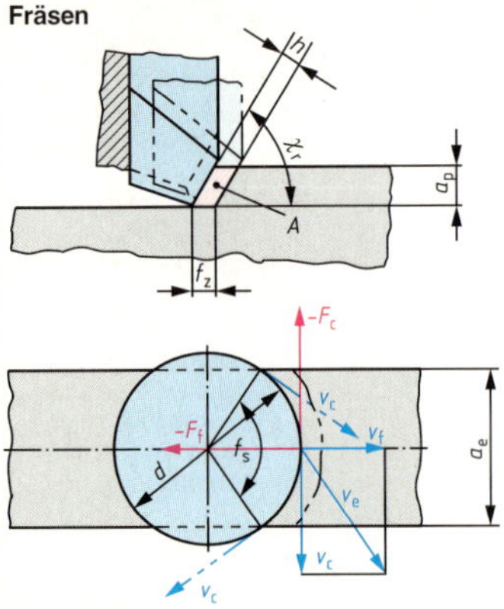


$$A = b \cdot h \cdot z_e = a_p \cdot f_z \cdot z_e$$

$$b = \frac{a_p}{\sin \varkappa_r} \qquad h = f_z \cdot \sin \varkappa_r$$

$$F_c = A \cdot k_c$$

$$P_c = F_c \cdot v_c$$

$$Q = a_p \cdot a_e \cdot v_f$$

$$v_c = d \cdot \pi \cdot n$$

$$v_f = f_z \cdot z \cdot n$$

- $b$ : Spanungsbreite
- $h$ : Spanungsdicke
- $z_e$ : Anzahl der im Eingriff stehenden Schneiden
- $a_p$ : Schnitttiefe
- $a_e$ : Arbeitseingriff
- $f_z$ : Zahnvorschub
- $\varkappa_r$ : Einstellwinkel
- $F_c$ : Schnittkraft
- $P_c$ : Schnittleistung
- $k_c$ : spezifische Schnittkraft
- $Q$ : Zeitspanungsvolumen
- $v_c$ : Schnittgeschwindigkeit
- $v_f$ : Vorschubgeschwindigkeit
- $d$ : Durchmesser
- $n$ : Umdrehungsfrequenz
- $\pi$ : 3,14159…

## Kegeldrehen

### Bezeichnungen am Kegel

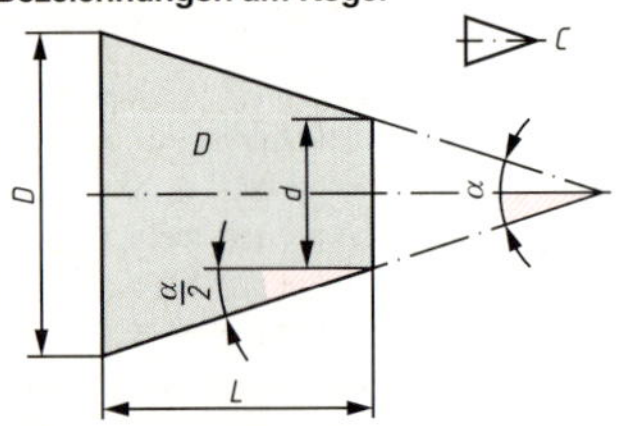


$$C = \frac{D - d}{L}$$

$$C = 2 \cdot \tan \frac{\alpha}{2}$$

- $D$ : großer Kegeldurchmesser
- $d$ : kleiner Kegeldurchmesser
- $L$ : Kegellänge
- $\alpha$ : Kegelwinkel
- $C$ : Kegelverjüngung

### Kegeldrehen mit Oberschlittenverstellung

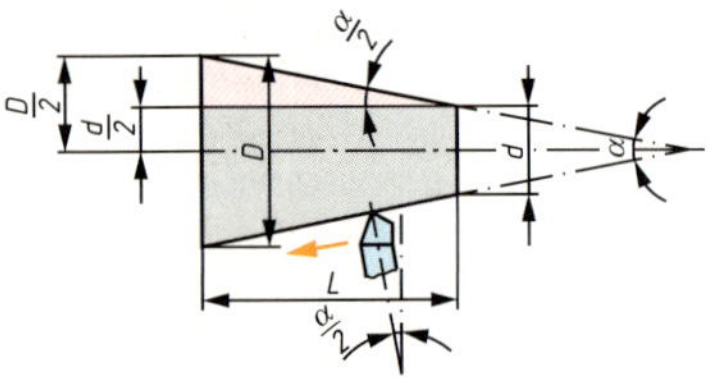


$$\tan \frac{\alpha}{2} = \frac{D - d}{2 \cdot L}$$

$$\tan \frac{\alpha}{2} = \frac{C}{2}$$

- $\frac{\alpha}{2}$ : Kegelerzeugungswinkel
- $D$ : großer Kegeldurchmesser
- $d$ : kleiner Kegeldurchmesser
- $L$ : Kegellänge
- $C$ : Kegelverjüngung

### Kegeldrehen mit Reitstockverstellung

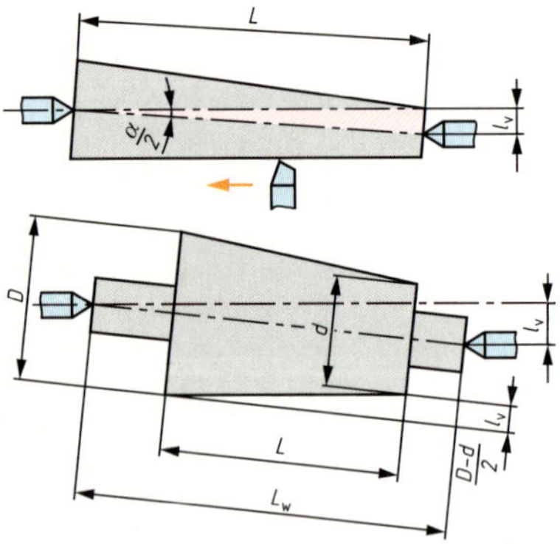


$$l_v = \frac{D - d}{2}$$

$$l_v = L \cdot \sin \frac{\alpha}{2}$$

$$l_{v\,zul} \leq \frac{1}{50} \cdot L$$

$$l_v = \frac{D - d}{2} \cdot \frac{L_w}{L}$$

$$l_{v\,zul} \leq \frac{1}{50} \cdot L_w$$

- $l_v$ : Reitstockverstellung
- $l_{v\,zul}$ : zulässige Reitstockverstellung
- $D$ : großer Kegeldurchmesser
- $d$ : kleiner Kegeldurchmesser
- $L$ : Kegellänge
- $L_w$ : Werkstücklänge
- $\frac{\alpha}{2}$ : Kegelerzeugungswinkel

## Teilen mit dem Teilkopf

### Direktes Teilen

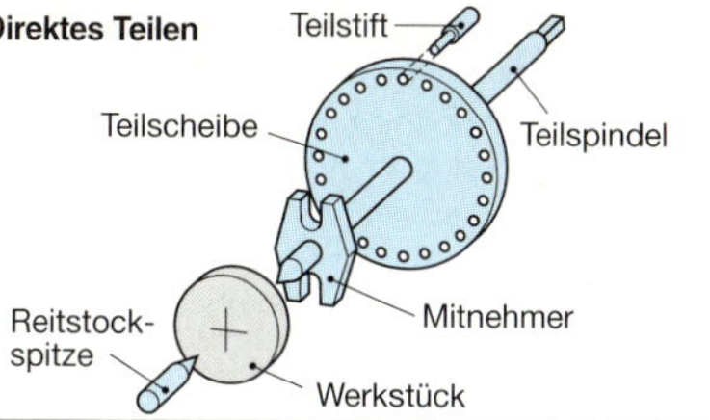


$$n_L = \frac{n_T}{T}$$

$$n_L = \frac{\alpha \cdot n_T}{360°}$$

- $n_L$ : Anzahl der Lochabstände bzw. Rastenabstände je Teilschritt
- $n_T$ : Anzahl der Lochabstände bzw. Rastenabstände auf der Teilscheibe
- $T$ : Teilzahl des Werkstückes
- $\alpha$ : Teilungswinkel des Werkstückes

### Indirektes Teilen

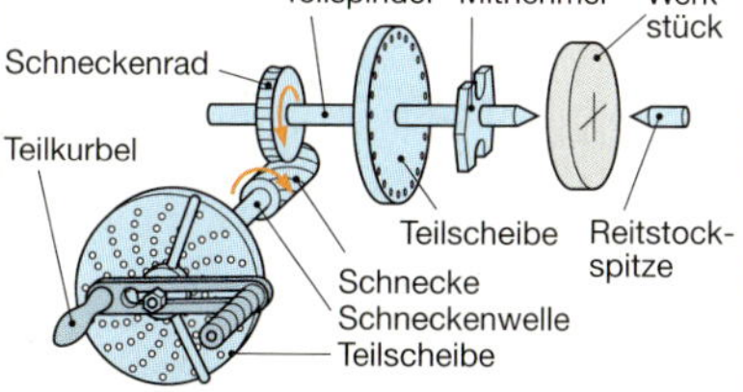


$$n_k = \frac{i}{T}$$

$$n_k = \frac{i \cdot \alpha}{360°}$$

- $n_k$ : Teilkurbelumdrehungen pro Teilschritt
- $i$ : Übersetzungsverhältnis des Schneckengetriebes
- $T$ : Teilzahl des Werkstückes
- $\alpha$ : Teilungswinkel des Werkstückes

### Ausgleichsteilen (Differentialteilen)

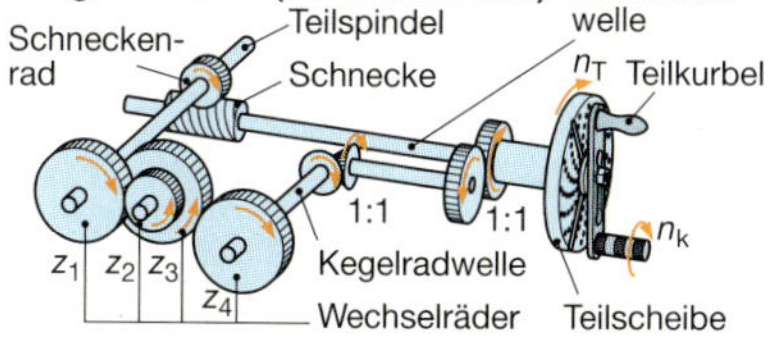


$$n_k = \frac{i}{T'}$$

$$\frac{z_1 \cdot z_3}{z_2 \cdot z_4} = \frac{i}{T'} \cdot (T' - T)$$

- $n_k$ : Teilkurbelumdrehungen pro Teilschritt
- $i$ : Übersetzungsverhältnis des Schneckengetriebes
- $T'$ : Hilfsteilzahl
- $T$ : Teilzahl des Werkstückes
- $z_1 \ldots z_4$ : Zähnezahlen der Wechselräder

## Zahnradberechnung

### Zahnradgeometrie

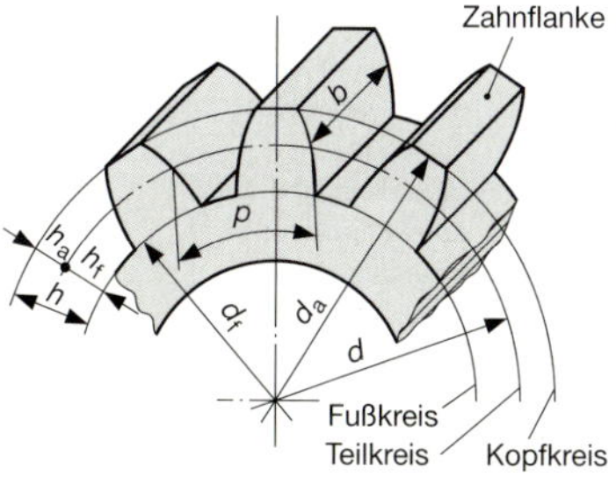


$$p = m \cdot \pi \qquad d = m \cdot z$$

$$m = \frac{p}{\pi} \qquad m = \frac{d}{z}$$

$$d_a = d + 2 \cdot m$$
$$d_a = m \cdot (z + 2)$$

$$d_f = d - 2 \cdot (m + c)$$

$$c = 0{,}1 \cdot m \ldots 0{,}3 \cdot m$$

Maschinenbau:

$$c = 0{,}167 \cdot m = \frac{1}{6} \cdot m$$

$$h_a = m$$

$$h_f = m + c$$

$$h = h_a + h_f$$
$$h = 2 \cdot m \cdot c$$

- $p$ : Teilung
- $m$ : Modul
- $d$ : Teilkreisdurchmesser
- $z$ : Zähnezahl
- $d_a$ : Kopfkreisdurchmesser
- $d_f$ : Fußkreisdurchmesser
- $c$ : Kopfspiel
- $h_a$ : Zahnkopfhöhe
- $h_f$ : Zahnfußhöhe
- $h$ : Zahnhöhe

### Achsabstand

Außenverzahnung

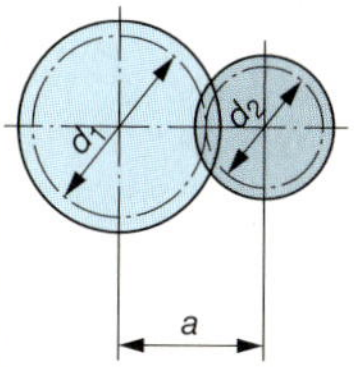


Innenverzahnung

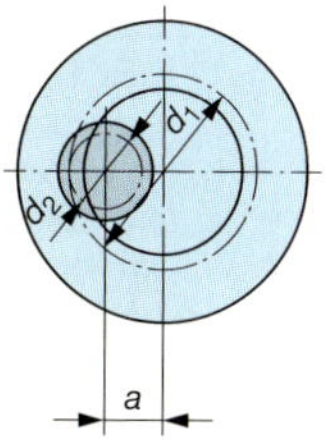


Außenverzahnung:

$$a = \frac{d_1 + d_2}{2} = \frac{m \cdot (z_1 + z_2)}{2}$$

Innenverzahnung:

$$a = \frac{d_1 - d_2}{2} = \frac{m \cdot (z_1 - z_2)}{2}$$

- $a$ : Achsabstand
- $m$ : Modul
- $d_1; d_2$ : Teilkreisdurchmesser
- $z_1; z_2$ : Zähnezahlen

## Hauptnutzungszeit

### Längsrunddrehen

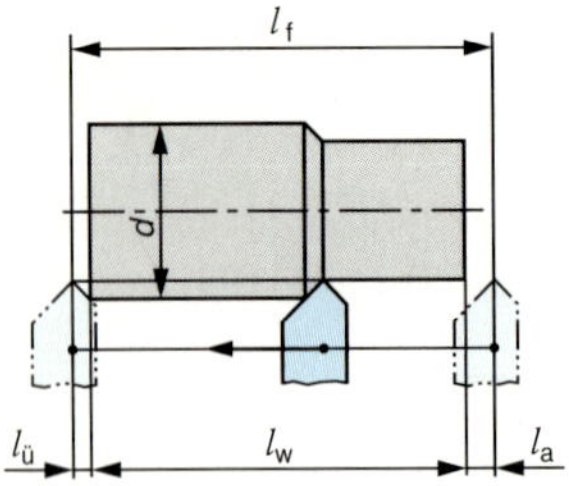


$$t_{hu} = \frac{l_f \cdot i}{v_f}$$

$$t_{hu} = \frac{l_f \cdot i}{f \cdot n}$$

$$l_f = l_a + l_w + l_ü$$

- $t_{hu}$ : unbeeinflussbare Hauptnutzungszeit
- $l_f$ : Vorschubweg
- $v_f$ : Vorschubgeschwindigkeit
- $l_a$ : Anlauflänge
- $l_w$ : Werkstücklänge
- $l_ü$ : Überlauflänge
- $i$ : Anzahl der gleichen Schnitte
- $f$ : Vorschub
- $n$ : Umdrehungsfrequenz

### Querplandrehen (Vollzylinder)

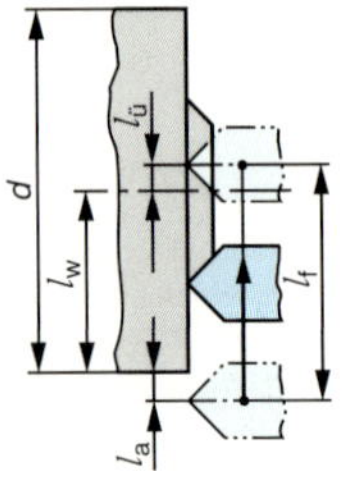


$$t_{hu} = \frac{l_f \cdot i}{v_f}$$

$$t_{hu} = \frac{l_f \cdot i}{f \cdot n}$$

$$l_f = l_a + l_w + l_ü$$

$$l_w = \frac{d}{2}$$

- $t_{hu}$ : unbeeinflussbare Hauptnutzungszeit
- $l_f$ : Vorschubweg
- $v_f$ : Vorschubgeschwindigkeit
- $l_a$ : Anlauflänge
- $l_w$ : Werkstücklänge
- $l_ü$ : Überlauflänge
- $i$ : Anzahl der gleichen Schnitte
- $f$ : Vorschub
- $n$ : Umdrehungsfrequenz
- $d$ : Durchmesser

### Querplandrehen (Hohlzylinder)

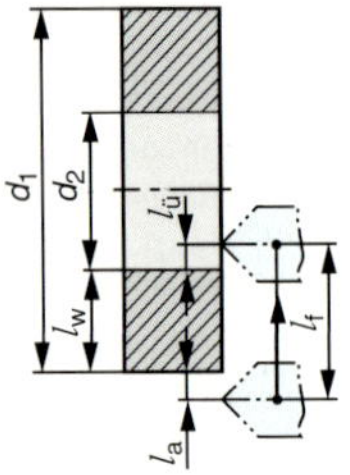


$$t_{hu} = \frac{l_f \cdot i}{v_f}$$

$$t_{hu} = \frac{l_f \cdot i}{f \cdot n}$$

$$l_f = l_a + l_w + l_ü$$

$$l_w = \frac{d_1 - d_2}{2}$$

- $t_{hu}$ : unbeeinflussbare Hauptnutzungszeit
- $l_f$ : Vorschubweg
- $v_f$ : Vorschubgeschwindigkeit
- $l_a$ : Anlauflänge
- $l_w$ : Werkstücklänge
- $l_ü$ : Überlauflänge
- $i$ : Anzahl der gleichen Schnitte
- $f$ : Vorschub
- $n$ : Umdrehungsfrequenz
- $d_1$ : Außendurchmesser
- $d_2$ : Innendurchmesser

### Gewindedrehen

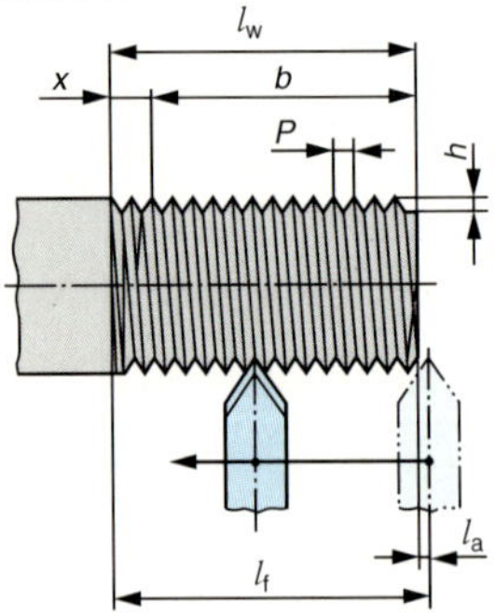


$$t_{hu} = \frac{l_f \cdot i}{v_f}$$

$$t_{hu} = \frac{l_f \cdot i \cdot g}{P \cdot n}$$

$$i = \frac{h}{a_p}$$

$$l_f = l_a + l_w$$

$$l_w = b + x$$

- $t_{hu}$ : unbeeinflussbare Hauptnutzungszeit
- $l_f$ : Vorschubweg
- $v_f$ : Vorschubgeschwindigkeit
- $l_a$ : Anlauflänge
- $l_w$ : Werkstücklänge
- $i$ : Anzahl der gleichen Schnitte
- $g$ : Gangzahl des Gewindes
- $P$ : Gewindesteigung
- $h$ : Gewindetiefe
- $a_p$ : Schnitttiefe (Zustellung)
- $b$ : nutzbare Gewindelänge
- $x$ : Gewindeauslauf (oder Freistich)
- $n$ : Umdrehungsfrequenz

## Hauptnutzungszeit

### Bohren

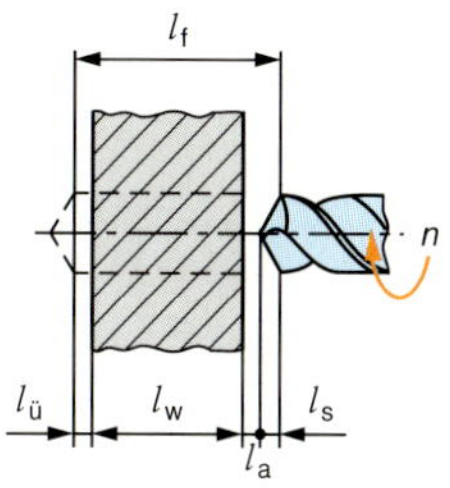


$$t_{hu} = \frac{l_f \cdot i}{v_f}$$

$$t_{hu} = \frac{l_f \cdot i}{f \cdot n}$$

$$l_f = l_s + l_a + l_w + l_ü$$

$$l_s = d \cdot \frac{1}{2 \cdot \tan \frac{\sigma}{2}}$$

- $t_{hu}$ : unbeeinflussbare Hauptnutzungszeit
- $l_f$ : Vorschubweg
- $v_f$ : Vorschubgeschwindigkeit
- $l_s$ : Spitzenlänge
- $l_a$ : Anlauflänge
- $l_w$ : Werkstücklänge
- $l_ü$ : Überlauflänge
- $i$ : Anzahl gleichartiger Vorgänge
- $f$ : Vorschub
- $n$ : Umdrehungsfrequenz
- $d$ : Durchmesser
- $\sigma$ : Spitzenwinkel

### Reiben

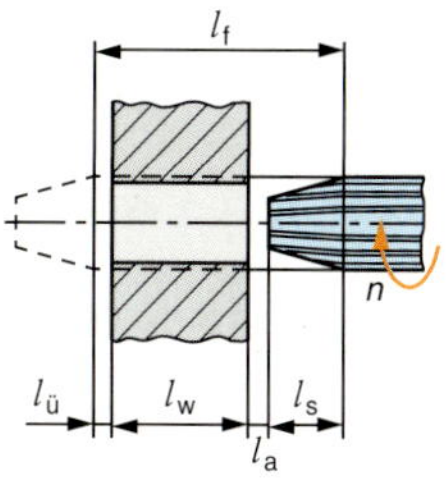


$$t_{hu} = \frac{l_f \cdot i}{v_f}$$

$$t_{hu} = \frac{l_f \cdot i}{f \cdot n}$$

$$l_f = l_s + l_a + l_w + l_ü$$

- $t_{hu}$ : unbeeinflussbare Hauptnutzungszeit
- $l_f$ : Vorschubweg
- $v_f$ : Vorschubgeschwindigkeit
- $l_s$ : Spitzenlänge
- $l_a$ : Anlauflänge
- $l_w$ : Werkstücklänge
- $l_ü$ : Überlauflänge
- $i$ : Anzahl gleichartiger Vorgänge
- $f$ : Vorschub
- $n$ : Umdrehungsfreuquenz

### Senken

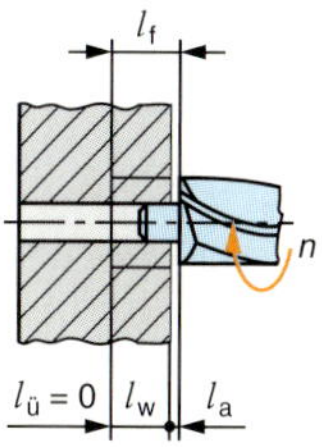


$$t_{hu} = \frac{l_f \cdot i}{v_f}$$

$$t_{hu} = \frac{l_f \cdot i}{f \cdot n}$$

$$l_f = l_a + l_w$$

- $t_{hu}$ : unbeeinflussbare Hauptnutzungszeit
- $l_f$ : Vorschubweg
- $v_f$ : Vorschubgeschwindigkeit
- $l_a$ : Anlauflänge
- $l_w$ : Werkstücklänge
- $l_ü$ : Überlauflänge
- $i$ : Anzahl der gleichartiger Vorgänge
- $f$ : Vorschub
- $n$ : Umdrehungsfrequenz

### Umfangs-Planfräsen

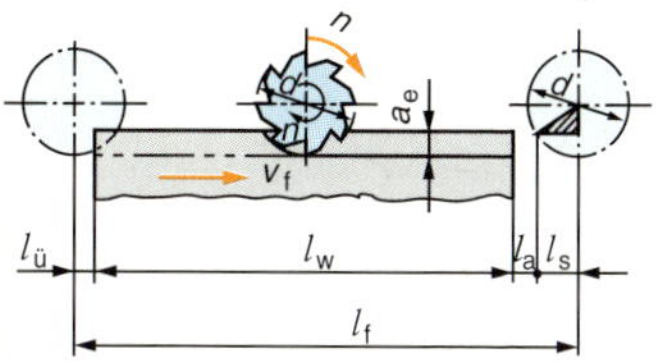


$$t_{hu} = \frac{l_f \cdot i}{v_f}$$

$$t_{hu} = \frac{l_f \cdot i}{f_z \cdot z \cdot n}$$

$$l_f = l_s + l_a + l_w + l_ü$$

$$l_s = \sqrt{a_e \cdot d - a_e^2}$$

- $t_{hu}$ : unbeeinflussbare Hauptnutzungszeit
- $l_f$ : Vorschubweg
- $v_f$ : Vorschubgeschwindigkeit
- $l_s$ : Anschnittlänge
- $l_a$ : Anlauflänge
- $l_w$ : Werkstücklänge
- $l_ü$ : Überlauflänge
- $i$ : Anzahl der gleichen Schnitte
- $f_z$ : Vorschub je Fräserzahn
- $z$ : Zähnezahl des Fräsers
- $n$ : Umdrehungsfrequenz
- $d$ : Durchmesser des Fräsers
- $a_e$ : Arbeitseingriff

## Hauptnutzungszeit

### Stirn-Umfangs-Planfräsen

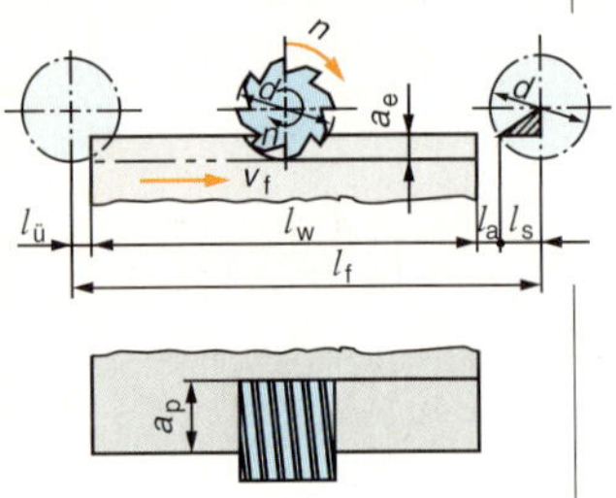


$$t_{hu} = \frac{l_f \cdot i}{v_f}$$

$$t_{hu} = \frac{l_f \cdot i}{f_z \cdot z \cdot n}$$

Schruppen:

$$l_f = l_s + l_a + l_w + l_ü$$

Schlichten:

$$l_f = 2 \cdot l_s + l_a + l_w + l_ü$$

$$l_s = \sqrt{a_e \cdot d - a_e^2}$$

- $t_{hu}$ : unbeeinflussbare Hauptnutzungszeit
- $l_f$ : Vorschubweg
- $v_f$ : Vorschubgeschwindigkeit
- $l_s$ : Anschnittlänge
- $l_a$ : Anlauflänge
- $l_w$ : Werkstücklänge
- $l_ü$ : Überlauflänge
- $i$ : Anzahl der gleichen Schnitte
- $f_z$ : Vorschub je Fräserzahn
- $z$ : Zähnezahl des Fräsers
- $n$ : Umdrehungsfrequenz
- $d$ : Durchmesser des Fräsers
- $a_e$ : Arbeitseingriff

### Stirn-Planfräsen (mittig)

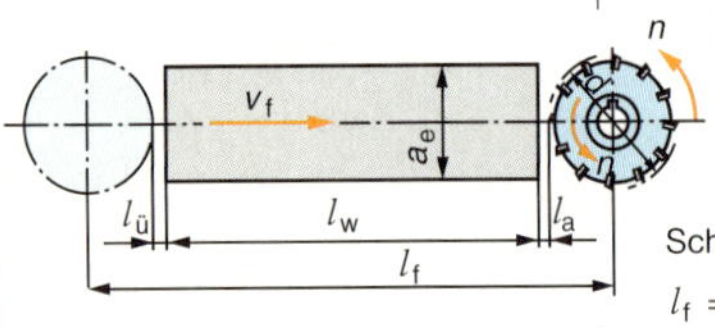


$$t_{hu} = \frac{l_f \cdot i}{v_f}$$

$$t_{hu} = \frac{l_f \cdot i}{f_z \cdot z \cdot n}$$

Schruppen:

$$l_f = \frac{d}{2} + l_a + l_w + l_ü - l_s$$

Schlichten:

$$l_f = \frac{d}{2} + l_a + l_w + l_ü + \frac{d}{2}$$

$$l_s = \sqrt{a_e \cdot d - a_e^2}$$

- $t_{hu}$ : unbeeinflussbare Hauptnutzungszeit
- $l_f$ : Vorschubweg
- $v_f$ : Vorschubgeschwindigkeit
- $l_s$ : Anschnittlänge
- $l_a$ : Anlauflänge
- $l_w$ : Werkstücklänge
- $l_ü$ : Überlauflänge
- $i$ : Anzahl der gleichen Schnitte
- $f_z$ : Vorschub je Fräserzahn
- $z$ : Zähnezahl des Fräsers
- $n$ : Umdrehungsfrequenz
- $d$ : Durchmesser des Fräsers
- $a_e$ : Arbeitseingriff

### Nutenfräsen

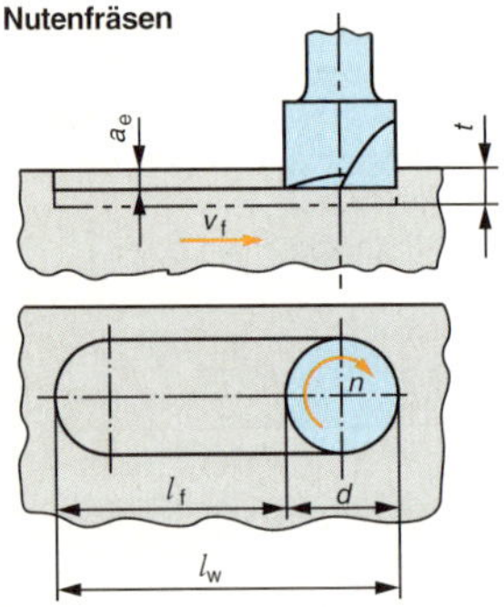


$$t_{hu} = \frac{l_f \cdot i}{v_f}$$

$$t_{hu} = \frac{l_f \cdot i}{f_z \cdot z \cdot n}$$

geschlossene Nut:

$$l_f = l_w - d$$

einseitig offene Nut:

$$l_f = l_w + l_a - \frac{d}{2}$$

beidseitig offene Nut:

$$l_f = \frac{d}{2} + l_a + l_w + l_ü$$

$$i = \frac{t}{a_e}$$

- $t_{hu}$ : unbeeinflussbare Hauptnutzungszeit
- $l_f$ : Vorschubweg
- $v_f$ : Vorschubgeschwindigkeit
- $l_s$ : Anschnittlänge
- $l_a$ : Anlauflänge
- $l_w$ : Werkstücklänge
- $l_ü$ : Überlauflänge
- $i$ : Anzahl der gleichen Schnitte
- $f_z$ : Vorschub je Fräserzahn
- $z$ : Zähnezahl des Fräsers
- $n$ : Umdrehungsfrequenz
- $d$ : Durchmesser des Fräsers
- $a_e$ : Arbeitseingriff
- $t$ : Tiefe der Nut

### Rundschleifen

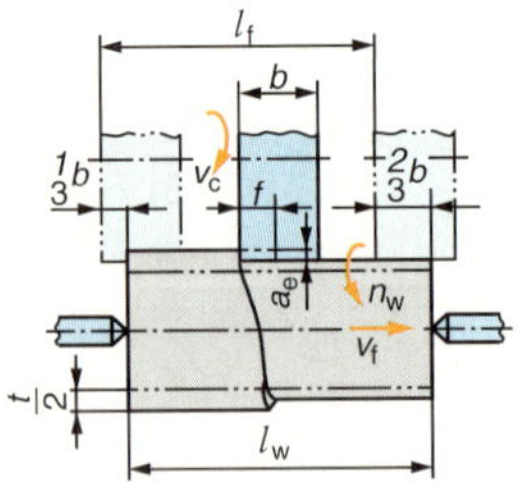


$$t_{hu} = \frac{l_f \cdot i}{v_f}$$

$$t_{hu} = \frac{l_f \cdot i}{n_w \cdot f}$$

Welle ohne Ansatz:

$$l_f = l_w - \frac{1}{3} \cdot b$$

Welle mit Ansatz:

$$l_f = l_w - \frac{2}{3} \cdot b$$

$$i = \frac{t}{2 \cdot a_e}$$

- $t_{hu}$ : unbeeinflussbare Hauptnutzungszeit
- $l_f$ : Vorschubweg
- $v_f$ : Vorschubgeschwindigkeit
- $l_w$ : Werkstücklänge
- $b$ : Breite der Schleifscheibe
- $i$ : Anzahl der gleichen Schnitte
- $f$ : Vorschub
- $n_w$ : Umdrehungsfrequenz des Werkstücks
- $t$ : Schleifzugabe

## Hauptnutzungszeit

### Planschleifen

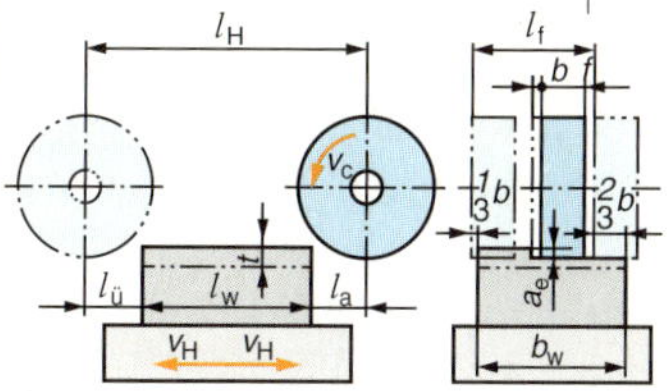


$$t_{hu} = \frac{l_f \cdot i}{v_f}$$

$$t_{hu} = \frac{l_f \cdot i}{n_H \cdot f}$$

Fläche ohne Ansatz:

$$l_f = b_w - \frac{1}{3} \cdot b$$

Fläche mit Ansatz:

$$l_f = b_w - \frac{2}{3} \cdot b$$

$$n_H = \frac{v_H}{l_H} \qquad l_H = l_a + l_w + l_ü$$

- $t_{hu}$ : unbeeinflussbare Hauptnutzungszeit
- $l_f$ : Vorschubweg
- $l_a$ : Anlauflänge
- $l_ü$ : Überlauflänge
- $v_f$ : Vorschubgeschwindigkeit
- $l_w$ : Werkstücklänge
- $b$ : Breite der Schleifscheibe
- $b_w$ : Breite des Werkstücks
- $i$ : Anzahl der gleichen Schnitte
- $f$ : Vorschub
- $n_w$ : Umdrehungsfrequenz des Werkstücks
- $n_H$ : Hubzahl des Schlittens
- $v_H$ : Schlittengeschwindigkeit
- $l_H$ : Hublänge

### Längs-Außen-Profilschleifen

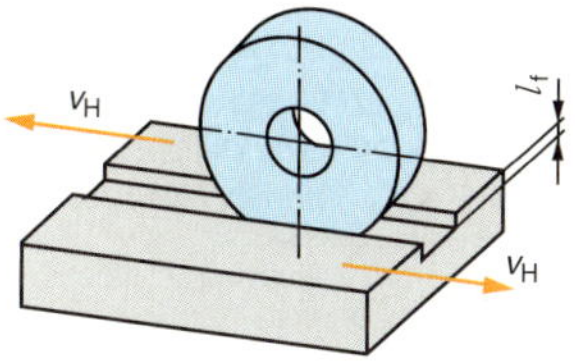


$$t_{hu} = \frac{l_f \cdot i}{v_f}$$

$$t_{hu} = \frac{l_f \cdot i}{n_H \cdot f}$$

$$i = \frac{l_f}{a_e}$$

- $t_{hu}$ : unbeeinflussbare Hauptnutzungszeit
- $l_f$ : Vorschubweg
- $v_f$ : Vorschubgeschwindigkeit
- $i$ : Anzahl der gleichen Schnitte
- $f$ : Vorschub
- $n_H$ : Hubzahl des Schlittens
- $v_H$ : Schlittengeschwindigkeit

### Längs-Seiten-Planschleifen

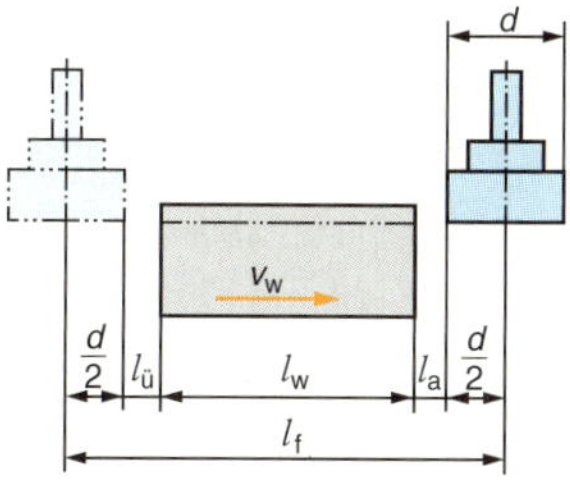


$$t_{hu} = \frac{l_f \cdot i}{v_f}$$

$$t_{hu} = \frac{l_f \cdot i}{v_w}$$

$$l_f = \frac{d}{2} + l_a + l_w + l_ü + \frac{d}{2}$$

- $t_{hu}$ : unbeeinflussbare Hauptnutzungszeit
- $l_f$ : Vorschubweg
- $v_f$ : Vorschubgeschwindigkeit
- $l_w$ : Werkstücklänge
- $l_a$ : Anlauflänge
- $l_ü$ : Überlauflänge
- $d$ : Durchmesser der Schleifscheibe
- $i$ : Anzahl der gleichen Schnitte
- $f$ : Vorschub
- $v_w$ : Werkstückgeschwindigkeit

### Schneid-erodieren

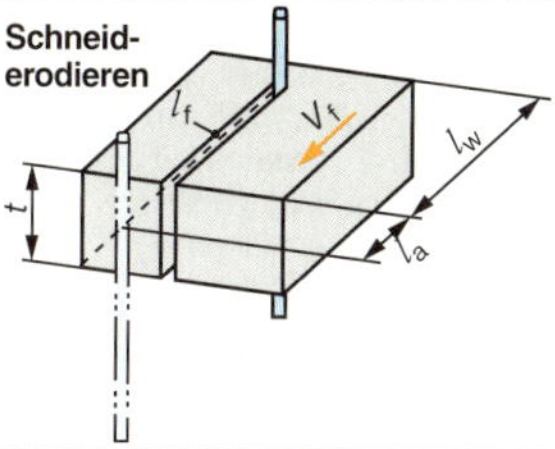


$$t_{hu} = \frac{l_f \cdot i}{v_f}$$

$$A_c = v_f \cdot t$$

$$l_f = l_a \cdot l_w$$

- $t_{hu}$ : unbeeinflussbare Hauptnutzungszeit
- $l_f$ : Vorschubweg
- $v_f$ : Vorschubgeschwindigkeit
- $i$ : Anzahl gleichartiger Vorgänge
- $A_c$ : Schneidrate
- $t$ : Werkstückdicke
- $l_a$ : Anlauflänge

### Senk-erodieren

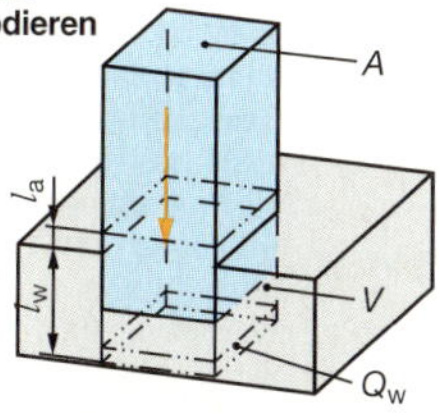


$$t_{hu} = \frac{A \cdot l_f \cdot i}{Q_w}$$

$$l_f = l_a \cdot l_w$$

- $Q_w$ : spezifisches Abtragsvolumen Abtragsvolumen
- $A$ : Querschnitt des abzutragenden Volumens
- $l_w$ : Höhe des abzutragenden Volumens
- $i$ : Anzahl gleichartiger Vorgänge
- $l_f$ : Vorschubweg
- $l_a$ : Anlauflänge

## Gasbetriebsstoffe

### Gasmenge der Sauerstoffflasche

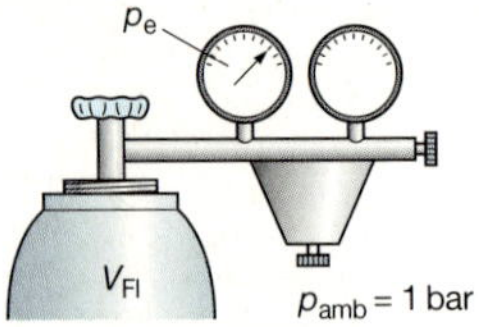


$$V_{amb} = \frac{V_{Fl} \cdot p_e}{p_{amb}}$$

$V_{amb}$ : Gasvolumen bei Normaldruck
$p_{amb}$ : Normaldruck
$V_{Fl}$ : Flaschenvolumen
$p_e$ : Flaschendruck lt. Inhaltsmanometer

### Gasverbrauch von Sauerstoff

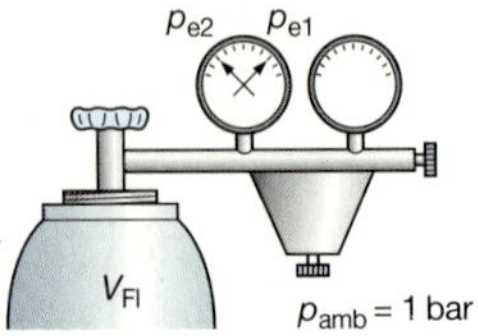


$$\Delta V = \frac{V_{Fl} \cdot (p_{e1} - p_{e2})}{p_{amb}}$$

$$\Delta V = \frac{V_{Fl} \cdot \Delta p_e}{p_{amb}}$$

$\Delta V$ : Gasverbrauch
$V_{Fl}$ : Flaschenvolumen
$p_{e1}$ : Flaschendruck vor der Gasentnahme
$p_{e2}$ : Flaschendruck nach der Gasentnahme
$\Delta p_e$ : Druckunterschied

### Gasmenge der Acetylenflasche

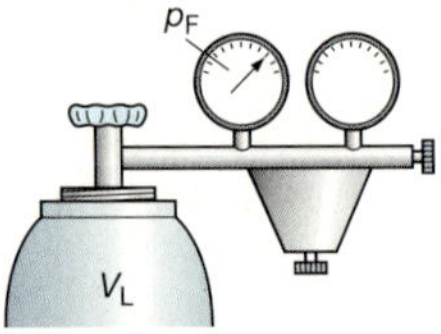


$$V_F = V_L \cdot 25 \cdot p_F$$

$V_F$ : Füllvolumen
$p_F$ : Fülldruck der Flasche
$V_L$ : Volumen Lösungsmittel

### Gasverbrauch von Acetylen

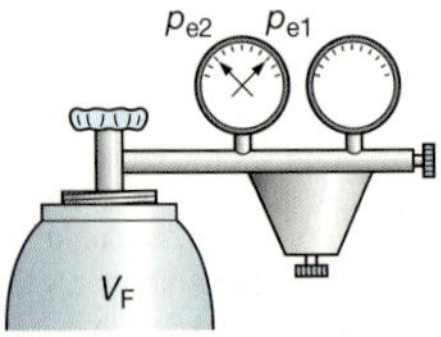


$$\Delta V = \frac{V_F \cdot (p_{e1} - p_{e2})}{p_F}$$

$$\Delta V = \frac{V_F \cdot \Delta p_e}{p_F}$$

$\Delta V$ : Gasverbrauch
$V_F$ : Füllvolumen
$p_{e1}$ : Flaschendruck vor der Gasentnahme
$p_{e2}$ : Flaschendruck nach der Gasentnahme
$p_F$ : Fülldruck der Flasche
$\Delta p_e$ : Druckunterschied

## Elektrodenbedarf

### Kehlnaht

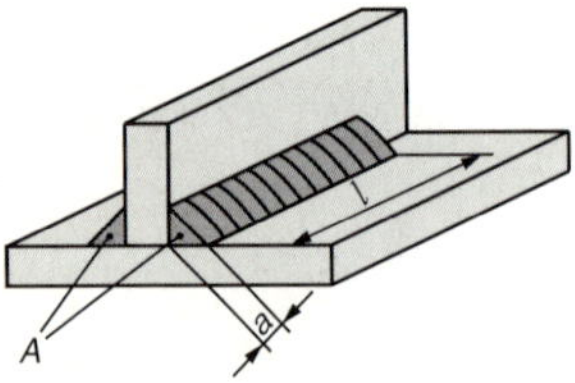


$$i_E = \frac{V_N}{V_E \cdot k_E}$$

$$V_N = A \cdot l$$

$$A = a^2$$

$i_E$ : Anzahl der Elektroden
$V_N$ : Nahtvolumen
$V_E$ : Elektrodenvolumen
$k_E$ : Ausbringungsfaktor
$A$ : Nahtquerschnitt
$l$ : Nahtlänge
$a$ : Nahtdicke

### V-Naht

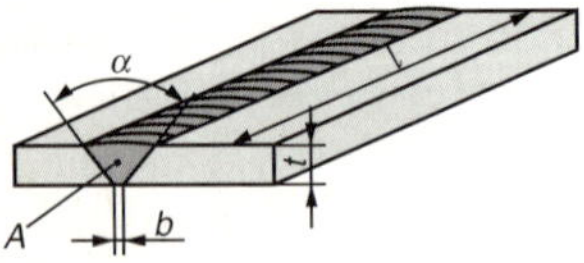


$$i_E = \frac{V_N}{V_E \cdot k_E}$$

$$V_N = A \cdot l$$

$$A = t \cdot (c \cdot t + b)$$

$i_E$ : Anzahl der Elektroden
$V_N$ : Nahtvolumen
$V_E$ : Elektrodenvolumen
$k_E$ : Ausbringungsfaktor
$A$ : Nahtquerschnitt
$l$ : Nahtlänge
$t$ : Blechdicke
$b$ : Nahtspaltbreite
$c$ : Nahtformfaktor

## Interpolationsparameter CNC-Fertigung

**Drehen – G02 Werkzeug hinter Drehmitte**

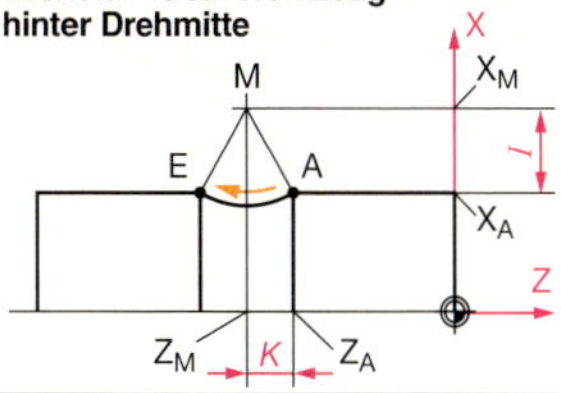


$$I = \frac{X_M - X_A}{2}$$

$$K = Z_M - Z_A$$

- $I$ : Interpolationsparameter X-Achse
- $K$ : Interpolationsparameter Z-Achse
- $X_M$ : X-Wert des Mittelpunktes
- $X_A$ : X-Wert des Anfangspunktes
- $Z_M$ : Z-Wert des Mittelpunktes
- $Z_A$ : Z-Wert des Anfangspunktes
- A : Anfangspunkt des Kreisbogens
- E : Endpunkt des Kreisbogens
- M : Mittelpunkt des Kreisbogens

**Drehen – G02 Werkzeug vor Drehmitte**

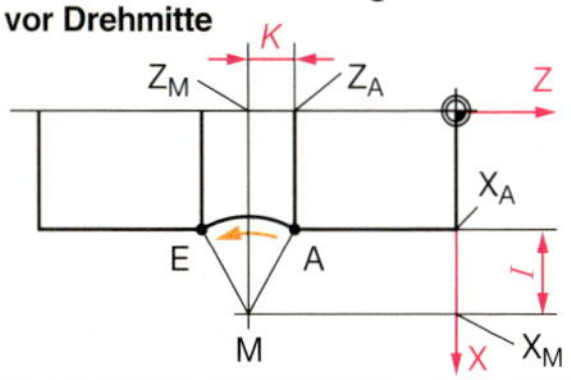


$$I = \frac{X_M - X_A}{2}$$

$$K = Z_M - Z_A$$

- $I$ : Interpolationsparameter X-Achse
- $K$ : Interpolationsparameter Z-Achse
- $X_M$ : X-Wert des Mittelpunktes
- $X_A$ : X-Wert des Anfangspunktes
- $Z_M$ : Z-Wert des Mittelpunktes
- $Z_A$ : Z-Wert des Anfangspunktes
- A : Anfangspunkt des Kreisbogens
- E : Endpunkt des Kreisbogens
- M : Mittelpunkt des Kreisbogens

**Drehen – G03 Werkzeug hinter Drehmitte**

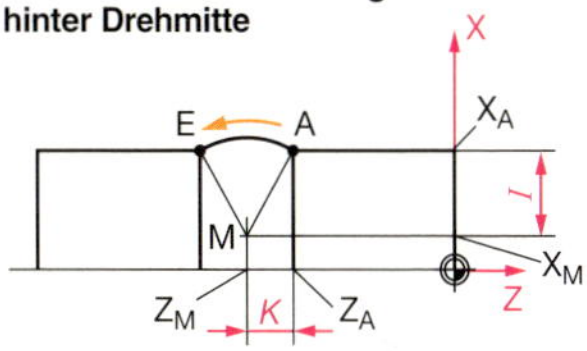


$$I = \frac{X_M - X_A}{2}$$

$$K = Z_M - Z_A$$

- $I$ : Interpolationsparameter X-Achse
- $K$ : Interpolationsparameter Z-Achse
- $X_M$ : X-Wert des Mittelpunktes
- $X_A$ : X-Wert des Anfangspunktes
- $Z_M$ : Z-Wert des Mittelpunktes
- $Z_A$ : Z-Wert des Anfangspunktes
- A : Anfangspunkt des Kreisbogens
- E : Endpunkt des Kreisbogens
- M : Mittelpunkt des Kreisbogens

**Drehen – G03 Werkzeug vor Drehmitte**

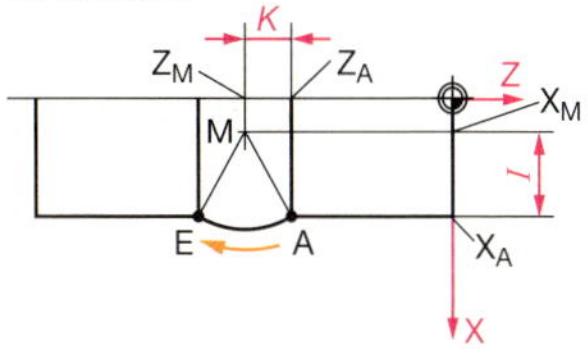


$$I = \frac{X_M - X_A}{2}$$

$$K = Z_M - Z_A$$

- $I$ : Interpolationsparameter X-Achse
- $K$ : Interpolationsparameter Z-Achse
- $X_M$ : X-Wert des Mittelpunktes
- $X_A$ : X-Wert des Anfangspunktes
- $Z_M$ : Z-Wert des Mittelpunktes
- $Z_A$ : Z-Wert des Anfangspunktes
- A : Anfangspunkt des Kreisbogens
- E : Endpunkt des Kreisbogens
- M : Mittelpunkt des Kreisbogens

**Fräsen – G02**

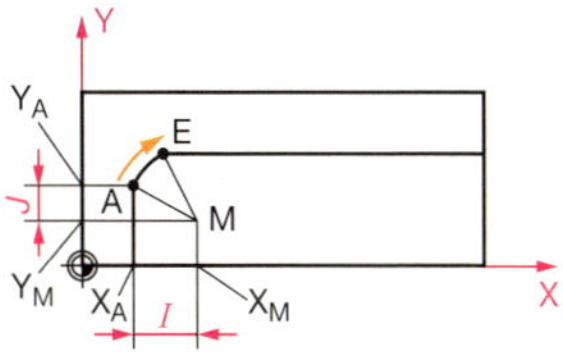


$$I = X_M - X_A$$

$$J = Y_M - Y_A$$

- $I$ : Interpolationsparameter X-Achse
- $J$ : Interpolationsparameter Y-Achse
- $X_M$ : X-Wert des Mittelpunktes
- $X_A$ : X-Wert des Anfangspunktes
- $Y_M$ : Y-Wert des Mittelpunktes
- $Y_A$ : Y-Wert des Anfangspunktes
- A : Anfangspunkt des Kreisbogens
- E : Endpunkt des Kreisbogens
- M : Mittelpunkt des Kreisbogens

**Fräsen – G03**

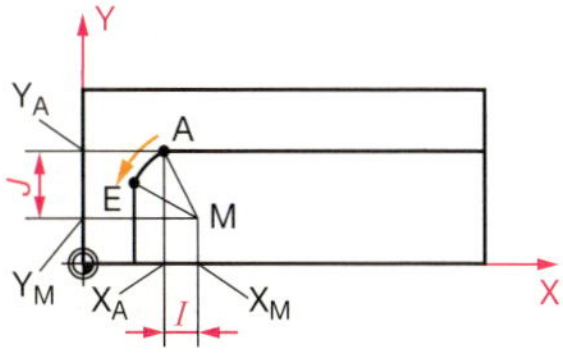


$$I = X_M - X_A$$

$$J = Y_M - Y_A$$

- $I$ : Interpolationsparameter X-Achse
- $J$ : Interpolationsparameter Y-Achse
- $X_M$ : X-Wert des Mittelpunktes
- $X_A$ : X-Wert des Anfangspunktes
- $Y_M$ : Y-Wert des Mittelpunktes
- $Y_A$ : Y-Wert des Anfangspunktes
- A : Anfangspunkt des Kreisbogens
- E : Endpunkt des Kreisbogens
- M : Mittelpunkt des Kreisbogens

## Fertigungsplanung

### Auftragszeit für den arbeitsausführenden Menschen

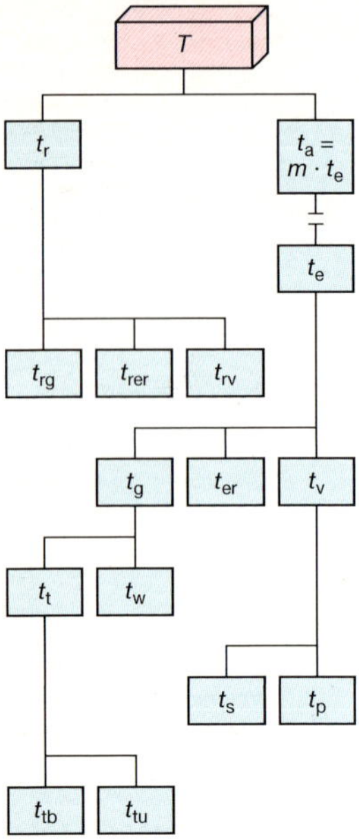


$$T = t_r + t_a$$

$$t_r = t_{rg} + t_{rv} + t_{rer}$$

$$t_a = m \cdot t_e$$

$$t_e = t_g + t_v + t_{er}$$

$$t_g = t_t + t_w$$

$$t_t = t_{tb} + t_{tu}$$

$$t_v = t_s + t_p$$

- $T$ : Auftragszeit
- $t_r$ : Rüstzeit
- $t_a$ : Ausführungszeit
- $t_{rg}$ : Rüstgrundzeit
- $t_{rv}$ : Rüstverteilzeit
- $t_{rer}$ : Rüsterholungszeit
- $t_e$ : Zeit für eine Einheit
- $m$ : Mengeneinheit
- $t_g$ : Grundzeit
- $t_v$ : Verteilzeit
- $t_{er}$ : Erholungszeit
- $t_t$ : Tätigkeitszeit
- $t_w$ : Wartezeit
- $t_{tb}$ : beeinflussbare Tätigkeitszeit
- $t_{tu}$ : unbeeinflussbare Tätigkeitszeit
- $t_s$ : sachliche Verteilzeit
- $t_p$ : persönliche Verteilzeit

### Belegungszeit für das Betriebsmittel

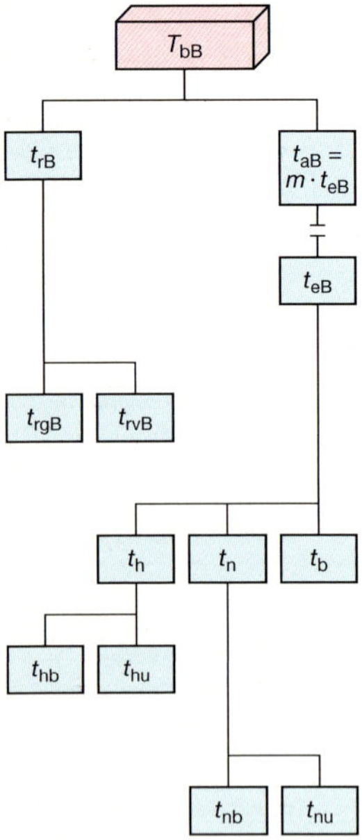


$$T_{bB} = t_{rB} + t_{aB}$$

$$t_{rB} = t_{rgB} + t_{rvB}$$

$$t_{aB} = m \cdot t_{eB}$$

$$t_{eB} = t_{gB} + t_{vB}$$

$$t_{gB} = t_h + t_n + t_b$$

$$t_h = t_{hb} + t_{hu}$$

$$t_n = t_{nb} + t_{nu}$$

- $T_{bB}$ : Betriebsmittel-Belegungszeit
- $t_{rB}$ : Betriebsmittel-Rüstzeit
- $t_{aB}$ : Betriebsmittel-Ausführungszeit
- $t_{eB}$ : Betriebsmittelzeit je Einheit
- $m$ : Mengeneinheit
- $t_{rgB}$ : Betriebsmittel-Rüstgrundzeit
- $t_{gB}$ : Betriebsmittel-Grundzeit
- $t_{vB}$ : Betriebsmittel-Verteilzeit
- $t_h$ : Hauptnutzungszeit
- $t_n$ : Nebennutzungszeit
- $t_b$ : Brachzeit
- $t_{hb}$ : beeinflussbare Hauptnutzungszeit
- $t_{hu}$ : unbeeinflussbare Hauptnutzungszeit
- $t_{nb}$ : beeinflussbare Nebennutzungszeit
- $t_{nu}$ : unbeeinflussbare Nebennutzungszeit

## Fertigungsplanung

### Kostenrechnung

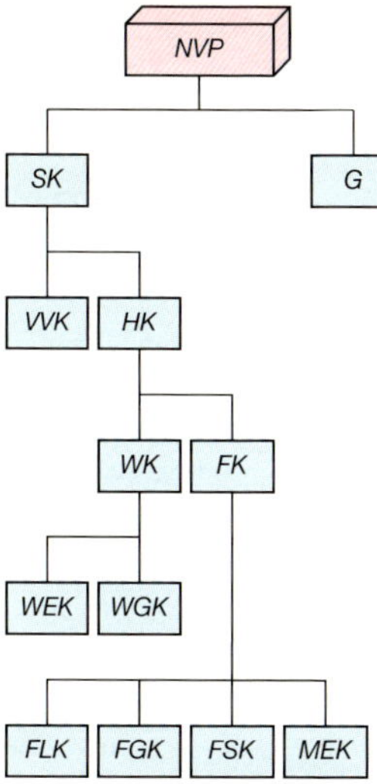


$NVP = SK + G$

$SK = VVK + HK$

$HK = WK + FK$

$WK = WEK + WGK$

$FK = FLK + FGK + FSK + MEK$

*NVP* : Nettoverkaufspreis
*G* : Gewinn
*SK* : Selbstkosten
*VVK* : Verwaltungs- und Vertriebskosten
*HK* : Herstellkosten
*WK* : Werkstoffkosten
*WEK* : Werkstoffeinzelkosten
*WGK* : Werkstoffgemeinkosten
*FK* : Fertigungskosten
*FLK* : Fertigungslohnkosten
*FGK* : Fertigungsgemeinkosten
*FSK* : Fertigungssonderkosten
*MEK* : Maschineneinzelkosten

## Beziehungen zwischen Größen und Einheiten

| Größe | Formelzeichen | Einheitenname | Einheitenzeichen | Beziehungen | |
|---|---|---|---|---|---|
| **Länge** | *l* | Meter | m | 1 m = 10 dm<br>1 m = 100 cm<br>1 m = 1 000 mm<br>1 m = 1 000 000 µm<br><br>1 dm = 0,1 m<br>1 dm = 10 cm<br>1 dm = 100 mm<br>1 dm = 100 000 µm<br><br>1 cm = 0,01 m<br>1 cm = 0,1 dm<br>1 cm = 10 mm<br>1 cm = 10 000 µm | 1 mm = 0,001 m<br>1 mm = 0,01 dm<br>1 mm = 0,1 cm<br>1 mm = 1 000 µm<br><br>1 µm = 0,000 001 m<br>1 µm = 0,000 01 dm<br>1 µm = 0,000 1 cm<br>1 µm = 0,001 mm<br><br>1 dam = 10 m<br>1 hm = 100 m<br>1 km = 1 000 m<br>1 Mm = 1 000 000 m |
| **Fläche** | *A* | Quadratmeter | $m^2$ | 1 $m^2$ = 100 $dm^2$<br>1 $m^2$ = 10 000 $cm^2$<br>1 $m^2$ = 1 000 000 $mm^2$<br><br>1 $dm^2$ = 0,01 $m^2$<br>1 $dm^2$ = 100 $cm^2$<br>1 $dm^2$ = 10 000 $mm^2$ | 1 $cm^2$ = 0,000 1 $m^2$<br>1 $cm^2$ = 0,01 $dm^2$<br>1 $cm^2$ = 100 $mm^2$<br><br>1 $mm^2$ = 0,000 001 $m^2$<br>1 $mm^2$ = 0,000 1 $dm^2$<br>1 $mm^2$ = 0,01 $cm^2$ |
| | | | | 1 Ar = 1 a = 100 $m^2$<br>1 Hektar = 1 ha = 100 a = 10 000 $m^2$<br>1 Quardatkilometer = 1 $km^2$ = 100 ha = 10 000 a = 1 000 000 $m^2$ | |

**Beziehungen zwischen Größen und Einheiten**

| Größe | Formelzeichen | Einheitenname | Einheitenzeichen | Beziehungen |
|---|---|---|---|---|
| **Volumen** | $V$ | Kubikmeter | $m^3$ | $1\ m^3 = 1\,000\ dm^3$; $1\ m^3 = 1\,000\,000\ cm^3$; $1\ m^3 = 1\,000\,000\,000\ mm^3$ <br> $1\ cm^3 = 0{,}000\,001\ m^3$; $1\ cm^3 = 0{,}001\ dm^3$; $1\ cm^3 = 1\,000\ mm^3$ <br> $1\ dm^3 = 0{,}001\ m^3$; $1\ dm^3 = 1\,000\ cm^3$; $1\ dm^3 = 1\,000\,000\ mm^3$ <br> $1\ mm^3 = 0{,}000\,000\,001\ m^3$; $1\ mm^3 = 0{,}000\,001\ dm^3$; $1\ mm^3 = 0{,}001\ cm^3$ <br> 1 Liter = 1 L = 1 $dm^3$ = 1 000 $cm^3$ <br> 1 Milliliter = 1 mL = 0,001 L = 1 $cm^3$ |
| **Masse** | $m$ | Kilogramm | kg | 1 kg = 1 000 g; 1 kg = 0,001 t; 1 t = 1 000 kg <br> 1 g = 0,001 kg; 1 g = 1 000 mg; 1 mg = 0,001 g |
| **Dichte** | $\varrho$ | Kilogramm durch Kubikdezimeter | $\frac{kg}{dm^3}$ | $1\ \frac{kg}{dm^3} = 1\ \frac{g}{cm^3} = 1\ \frac{t}{m^3}$ |
| **Winkel** | $\alpha, \beta, \gamma \ldots$ | Grad | ° | 1° = 60′ = 3600″; 1′ = 60″ <br> 0,1° = 6′; 0,2° = 12′; 0,3° = 18′; 0,4° = 24′; 0,5° = 30′ <br> 0,6° = 36′; 0,7° = 42′; 0,8° = 48′; 0,9° = 54′; 1° = 60′ |
| **Zeit** | $t$ | Sekunde | s | $1\ s = \frac{1}{60}\ min$; 1 min = 60 s; 1 h = 60 min = 3600 s <br> 0,1 min = 6 s; 0,2 min = 12 s; 0,3 min = 18 s; ⋮ ; 0,9 min = 54 s <br> 0,1 h = 6 min; 0,2 h = 12 min; 0,3 h = 18 min; ⋮ ; 0,9 h = 54 min |
| **Geschwindigkeit** | $v$ | Meter duch Sekunde | $\frac{m}{s}$ | $1\ \frac{m}{s} = 60\ \frac{m}{min} = 3600\ \frac{m}{h} = 3{,}6\ \frac{km}{h}$ <br> $1\ \frac{m}{min} = \frac{1}{60}\ \frac{m}{s}$ <br> $1\ \frac{m}{min} = \frac{1000\ mm}{min}$ |
| **Umdrehungsfrequenz** | $n$ | 1 durch Sekunde | $\frac{1}{s} = s^{-1}$ | $1\ \frac{1}{s} = 60\ \frac{1}{min}$ <br> $1\ \frac{1}{min} = \frac{1}{60}\ \frac{1}{s}$ <br> $1\ s^{-1} = 60\ min^{-1}$ <br> $1\ min^{-1} = \frac{1}{60}\ s^{-1}$ |
| **Kraft** | $F$ | Newton | N | $1\ N = 1\ \frac{kg \cdot m}{s^2}$ |
| **Druck** | $p$ | Pascal | Pa | $1\ Pa = 1\ \frac{N}{m^2} = 0{,}0001\ \frac{N}{cm^2} = 0{,}000\,01\ bar$ <br> $1\ bar = 100\,000\ Pa = 10\ \frac{N}{cm^2}$ <br> $1\ \frac{N}{cm^2} = 0{,}1\ bar$ |